21世纪高等院校艺术设计系列实用规划教材

城市景观小品设计

吴　婕　编著

朱小平　主审

内容简介

本书致力于创造力、灵感直觉以及图解表达等美学与技术的双重合奏，结合景观小品以及景观规划项目整个运作过程来设计，并深入景观小品设计“方案——扩初——施工”的三个方面，在注重学生创造性思维能力开发的同时，突出实用、实战与实效性，深入浅出，具有很强的可操作性和指导性，有利于教师教学的展开，更有利于提高学生掌握知识、理解知识、消化知识和自学知识的能力。

全书主要内容包括：城市景观小品设计概述、城市景观小品造型设计要素与流程、道路交通设计及实例、构筑物小品设计及实例、自然景致设计及实例、城市家具设计及实例、游乐系统设计及实例等，理论与实践紧密结合，符合社会对相关行业与职业岗位应用型人才的培养要求。

本书可作为高等院校景观园林设计、环境艺术设计及建筑设计专业应用型本科、高职高专及专业培训机构等师生的教材使用，也可作为相关从业人员和有兴趣的读者的阅读参考书。

图书在版编目(CIP)数据

城市景观小品设计/吴婕编著．—北京：北京大学出版社，2013.1

(21 世纪高等院校艺术设计系列实用规划教材)

ISBN 978-7-301-21560-9

Ⅰ. ①城…　Ⅱ. ①吴…　Ⅲ. ①环境设计—景观设计—高等学校—教材　Ⅳ. ①TU-856

中国版本图书馆 CIP 数据核字(2012)第 273855 号

书　　名：城市景观小品设计

著作责任者：吴　婕　编著

策 划 编 辑：孙　明

责 任 编 辑：翟　源

封 面 设 计：黄　靓　陈佳莹

标 准 书 号：ISBN 978-7-301-21560-9/J · 0478

出 版 发 行：北京大学出版社

地　　址：北京市海淀区成府路 205 号　100871

网　　址：http://www.pup.cn　　新浪官方微博：@北京大学出版社

电 子 信 箱：pup_6@163.com

电　　话：邮购部 010-62752015　发行部 010-62750672　编辑部 010-62750667　出版部 010-62754962

印　刷　者：涿州市星河印刷有限公司

经　销　者：新华书店

787mm × 1092mm　16 开本　12 印张　273 千字

2013 年 1 月第 1 版

2021年7月修订　2021 年 7 月第 7 次印刷

定　　价：48.00 元

序

吴婕女士的《城市景观小品设计》一书问世了，这是一件可喜可贺的事情！

纵观当今世界，随着人们生活水平不断地跨入更高的层次，人们对艺术的认知也更加宏观了。当今人们的“大艺术”观已形成，人们认识到高质量的生活是艺术，高科技含量的生产也是艺术。所以艺术的涵盖面已十分宽泛。艺术已绝不仅仅局限于音乐、美术、戏剧、文学、诗歌、电影等范畴。“高质量的生活是艺术”，它涵盖了所有与人生活密不可分的衣、食、住、行等各方面的因素，作为设计师，要为人追求高质量的生活而设计，为人不断变化的新需求而设计，更需要通过设计将人的生活推向更高的水准。

“景观”的艺术如今已成为人们极为关注的问题，它所涉及的内容主要包括宏观的城市景观及风景旅游区景观。其次中观景观所涉及的建筑景观、城市公园、居住区景观、城市广场、特色景观街区、城市街头绿地以及城市滨湖滨河地带。进而，更加细化到景观小品设计，人们的观念发生了翻天覆地的变化，当今“景观小品”已成为人们关注的大课题！

本书的应运而生，正是“大艺术”时代的产物。本书的研究成果及时填补了景观小品设计知识的空白。

作者在书中明确地提出了“景观小品是艺术的一种表达方式，为人创造出良好的可视环境。为人提供最科学、最合理、最舒适的生活空间。”而这其中“美”是最不可缺的重要因素，而这个美是由艺术设计而创造的。

“美”是什么？现代美的理念是：凡是能够激发人产生愉悦的情感，并能令人产生精神快感的一切因素都是美的因素。美产生于艺术，这就是现代的大艺术观。这种宏观的美涵盖了人的所有感官——视觉美、听觉美、嗅觉美、味觉美、触觉美等范畴，这就是设计师要在设计中解决的问题。

该书系统、全面、具体地从设计概述、造型设计要素与流程、道路交通设计、构筑物小品设计、自然景致设计、城市家具设计、游乐系统设计与施工等诸方面进行了论述。同时作者从“大艺术”观的角度对现代世界上各种艺术风格在景观小品中的体现给予了准确的界定，其中主要有：立体主义、抽象主义、超现实主义、极简主义、波普艺术、大地艺术、解构主义，作者对现代艺术与设计的关系做了辩证的论述，尤其阐明了现代设计产生于现代艺术。同时对未来景观小品的发展趋势也做了恰如其分的展望。

所以，可以预见，该书将会对今后的景观小品教学做出积极有益的贡献。

天津美术学院环境艺术设计

朱小平教授

2012.11.26.

城市
景观小品设计
21世纪
全国高等院校艺术系列实用
规划教材

前　言

城市景观小品是一个多重的反射体，它映射了环境中道德、美学、政治、经济、文化和社会的状况，是一个汇集了现今社会环境质量和环境艺术的挑战性领域，而这些问题经常会在大众分享的公共空间里找到解决的方法。例如：当你坐在公园长椅上，这是一个出自中国园林设施生产厂的普通长椅，再看公园的其他椅，发现它们都是由不同厂商大规模生产的，但它们看上去并没有什么不同，这个地方和这个长椅也没有太多的联系。为什么要把这个长椅放在这？随着时间的流逝，城市景观小品所具有的统一风格经常由于各种因素而丧失，或许因为基地、使用功能和安全规范的演变而造成不适用和损坏、陈旧，使得城市空间看来像是各种异质元素附加叠聚的结果，不再具有任何意义。在此背景下，我们需要对设计师和人们关注的重要内容景观小品设计进行新的观察和思考。

当代的景观小品拥有多样的类型，并且经常彼此相互结合，体现着一个城市的风貌和景观特色，是城市文化底蕴和精神文明的物质载体。所以系统、全面地学习景观小品设计要点和工程技术成为高等艺术院校环境设计教学重点课程之一。

本书致力于创造力、灵感直觉以及图解表达等美学与技术的双重合奏，结合景观小品以及景观规划项目整个运作过程来设计，使理论与实践相结合，符合社会对相关行业与职业岗位应用型人才的培养要求，并深入景观小品设计“方案—扩初—施工”的三个方面，注重学生创造性思维能力开发的同时，突出实用、实战与实效性，深入浅出，具有很强的可操作性和指导性，有利于教师教学的展开，更有利于提高学生掌握知识、理解知识、消化知识和自学知识的能力。本书的案例赏析部分不在于详尽包揽最大量讯息，而是带着展望未来的眼光，以最新、最具改革性的案例来广泛呈现当代创作在这个领域的面貌。

本书可作为高等院校景观园林设计、环境设计及建筑设计专业应用型本科、高职高专及专业培训机构等师生的教材使用，也可作为相关从业人员和有兴趣的读者的阅读参考书。

书中的图片编辑工作由邱晓蕾、何丹帮助整理，在此表示感谢。

由于时间仓促，客观条件有限，各种施工图样式繁多，虽然尽量作了反复仔细核对，但难免有疏漏欠妥之处，恳切希望广大读者同行批评斧正。

作　者

2012年7月

目 录

CONTENTS

第1章 城市景观小品设计概述

教学目标和要求

目标：了解城市景观小品定义、国内外城市景观小品的源流与发展，对景观小品设计进行分类和归纳，并对中国城市景观小品现状做出分析。

要求：通过理论学习，了解景观小品设计在城市景观中的地位和作用，建立艺术化表现的意识。

本章要点

◆ 景观小品设计的概念、特点和研究方向。

◆ 景观小品设计的起源，各种艺术风格对景观小品设计的影响。

◆ 景观小品设计的发展趋势。

本章引言

景观小品作为一门公共空间的景观艺术，涉及建筑、园林、道路、广场等环境因素。成熟的景观小品设计融入周围自然环境与人文环境之中，能够彰显地域特色与地域文化，它既是一个国家文化的标志和象征，也是一个民族文化积累的产物。本章通过以下五个方面来认识多元化的城市景观小品设计。

1.1　城市景观小品定义

“小品”一词最初来源于佛经的略本，它起始于晋代，“释氏《辨空经》有详者焉，有略者焉。详者为大品，略者为小品。”明确指出了小品是由各元素简练构成的事物，具有短小精悍的特征。后被引用到了文学上，指简短的杂文或其他短小的表现形式。

园林专业出现“小品”一词，起初泛指园林中常用的小型建(构)筑物，亦常称为园林建筑小品。《中国大百科全书·农业卷》中，园林建筑小品指园林中供游人休息、欣赏以及点缀环境的小型建筑物和装饰设施。根据建设部发布行业标准CJJ/T1991－2002《园林基本术语标准》中规定：“园林小品”定义为园林中供休息、装饰、景观照明、展示和为园林管理及方便游人之用的小型设施。

现在，其概念和范围随时间的推移与经济、科学技术的发展，社会价值已经发生变化，技术财富(便利性)是人们面临的问题，其价值观正在从“硬件”向“软件”改变，生活变得很方便，精神领域成为人们的关注点。基于这种背景下，在国际化和技术革命的边缘，传统中国园林设计正进入新的景观设计时代。景观设计范围已扩大，可以通过各种不同环境尺度的角度来观察，例如，从城市、建筑物、居住区环境到公园景观项目里的每一个元素，包括自然环境以及城市自然环境的变换、保留与开发。

“城市景观小品”泛指安置在城市公共空间的各种元素与设施，为居民提供不同的服务和功能，为丰富城市景观文化内涵，创造优美环境，满足人们生活的各方面需求而设置。城市景观小品必须要仔细布置和安装，它是经过设计的，对景色和功能十分重要。换言之，将景观小品放在空间环境里一定有一个清楚的理由，它必须符合其在整体设计中的角色和目的。当考虑城市景观小品设计时，不仅要考虑小品间的关系，还要考虑它的整体功能，在一个总体思想的基础上考虑人与无生命体、人与自然、人与其他动物、人与植物之间的关系，从而小品设施与城市景观之间上升到关系的高度。

1.2　国内外城市景观小品的源流与发展

本节引言：

景观小品从它出现到成熟是几代乃至几十代设计师，通过原始形态到现代形态的不断设计改造而来的，这种变化是人类不同时代社会行为模式的需要。

1.2.1　景观小品的历史变革

从历史资料上看，欧美各国从历史上就对景观小品设施十分重视。早在古希腊时期，神庙附近的圣林中有竞技场、演讲台、敞廊、广场、露天剧场等公共场所，已经出现了水渠、柱廊、雕塑、喷泉、花坛等，并发展成一套完整的体系。体育场公园和圣林分别是在体育设施和神庙周围规则排列的高大树木园，其间点缀亭、廊和雕塑小品，如神像、翁罐或杰出的运动员半身像之类(图1.1)。

图1.1 古希腊城邦文明时期神苑

在古罗马时期的城堡、园林是以小品设施为主的景观环境，它的园内有藤萝架、凉亭，沿墙设座凳，水渠、草地、花池、雕塑为主体对称布置。从建造于118—134年之间的哈德里安庄园的遗址，可清晰地看到园林因山而建，并将山地辟成不同高度的地台，用栏杆、挡土墙和台阶来维护和联系各地台。一系列带有柱廊的建筑围绕着相对独立的庭院，水是造园的重要要素，如养鱼池、喷泉，加之各种精美的石刻，如雕塑、花钵、栏杆等(图1.2、图1.3)。

图1.2 古罗马柱廊中庭式宫苑

图1.3 古罗马哈德里安庄园

文艺复兴时期人权的兴起和贸易活动促进了别墅园的发展，造园艺术以阶梯式露台、喷泉和庭园洞窟为主要特征，布局规则。别墅园多半建置在山坡地段上，在宅的前面沿山坡而引出的一条中轴线上开辟一层层的台地，分别配置保坎、平台、花坛、水池、喷泉、雕像，各层台地之间以蹬道相联系，中轴线两旁栽植高耸的丝杉、黄杨、石松等树丛作为园林本身与周围的自然环境之间的过渡。作为装饰点缀的园林小品也极其多样，那些碉楼多装饰有栏杆、石坛罐、保坎、碑铭以及为数众多的以古典神话为题材的大理石雕像(图1.4～图1.6)，它们本身的光亮晶莹衬托着暗绿色的丝衫树丛与碧水蓝天相掩映，产生一种生动而强烈的色彩和质感的对比。

图1.4　加佐尼露台式花园

图1.5　埃斯特庄园百泉台

图1.6　阿尔多布兰迪尼别墅园

18世纪，巴黎几何造型的皇家园林，向外放射的街道系统，恢弘壮观的星形广场，庄重的古典主义建筑，配合有致的凯旋门、灯柱、纪念碑、喷水池等建筑小品，可以说是城市景观小品真正的开始。如今，行走在欧洲城市的街道上，大量的城市景观小品涌现在城市中任何一个需要的角落，包括了各种各样的路灯、垃圾筒、长凳、标识牌、公交站台……精湛的设计创意使这些随处可见的平常普通的景观设施充满灵气，每一处的精心设计，让人感觉它们不仅仅在功能上不可或缺，更重要的是极大地方便和感染了市民与游客，已成为了这个城市的一个重要组成部分(图1.7～图1.9)。

图1.7　生态路灯

图1.8　多功能座椅、围墙

图1.9　公路指示牌与垃圾箱合为一体

在中国古代，城市景观小品设施也有所体现，从北宋张择端的《清明上河图》中，便可看到北宋京都汴梁的繁华景象，街道店铺上各种招牌、门头、商店的幌子等，便是当时的环境设施(图1.10)。中国古代还有类似华表、望火楼、抱鼓石(图1.11)、石狮子、水井等古人日常所需的设施。我国的景观小品设施发展经历了一个漫长的过程，虽然在封建社会的城市街道，庙宇、码头等设施在当时是世界上比较发达的，但是到了近代由于工业化起步比较晚，经济比较落后，使景观小品设施的建设落后于西方发达国家。近些年来，随着改革开放的深入，人们的观念有了很大的更新，人们对自己生存的环境质量有了一定的新要求，政府也开始注重城市环境质量，为营造亲切宜人的环境、城市氛围，城市面貌有了很大的改观，城市景观小品频繁出现在城市环境中，进入人们的生活，为人们提供服务，成为人们生活中一道靓丽的风景线。

图1.10 北宋京城汴梁以及汴河两岸的繁华景象

图1.11 宅第大门石狮、抱鼓石

1.2.2 影响景观小品设计的各种艺术风格

景观小品是艺术的一种表达方式，创造良好的可视环境，必然受到现代美学的熏陶和感染。许多城市在经历几个世纪的演变与沉淀后，已经形成了自己独一无二的特色。进入现代后，各城市在有利于其进一步发展的户外空间整治当中，个别建立出了一种划时代的城市景观小品风格。立体主义、构成主义、超现实主义、抽象表现主义、波普艺术、大地艺术、解构主义、极简主义等风格形式相继展现在人们眼前(图1.12、图1.13)。随着20世纪西方现代艺术运动的不断发展和演化，新观念、新探索层出不穷，人们对景观小品艺术的表现形式和内涵的理解也更为纷繁多样，这直接导致了城市景观小品的艺术表达更为丰富。

图1.12 《维纳斯诞生》的另一种面貌

图1.13 漂浮在人们头顶上的地被

1. 立体主义

毕加索和布拉克是最早的立体派艺术家，他们改变了自文艺复兴时期以来的透视绘画方法(图1.14、图1.15)。在景观设计中，立体主义表现采用对比法，设计中出现多变的几何形体，出现了空间中多个视点所见的叠加，在二维中表达了三维甚至四维的效果。这一艺术手法首先在20世纪20年代由几个法国设计师罗特·马—斯蒂文斯、加布里埃尔·古埃瑞克安、费拉兄弟与莫劳克斯用在庭园景观设计中(图1.16、图1.17)。从20世纪50年代开始，一些美国景观建筑师，如托马斯·丘奇、盖瑞特·埃克博、丹·克雷和詹姆斯·罗斯也都受到立体主义的影响。

图1.14	图1.15
图1.16	图1.17

图1.14　毕加索的绘画

图1.15　布拉克的绘画

图1.16　斯蒂文斯设计的园林中用混凝土塑造的“树”

图1.17　古埃瑞克安　noailles别墅花园局部

2. 抽象表现主义

抽象表现主义作为现代艺术的一个重要方面，在1910年前后被艺术家们所展现。成员包括蒙德里安、杜斯堡、欧德、里特维德、马列维奇等。从观念和形式上都体现出自由和创造性的价值取向。它从形态的本质着手，着重认识点、线、面的节律、对比、视觉、幻觉的各种感觉，提高造型的概括性和表现力。代表作克利的“一个花园的规划”对现代景观设计产生了巨大影响。克利是一位实践了多种多样绘画风格和技巧的画家，他认为所有复杂的有机形态都是从简单的基本形态演变而来的，他的作品不同程度地对自然形态进行变形，从而产生强烈的视觉效果。作品中有众多的象征符号，梦幻而神秘的鱼形水面和小岛、弯曲的水道、不规则的曲线花坛……构成梦幻般的神秘场景（图1.18）。在景观设计中，英国景观设计师杰里科视克利为导师，他的设计思想、创作手法包括表现形式都来自克利的启迪（图1.19）。

图1.18　克利的绘画

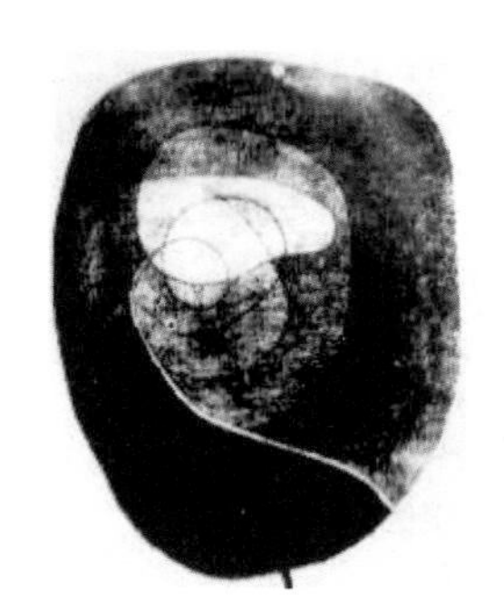
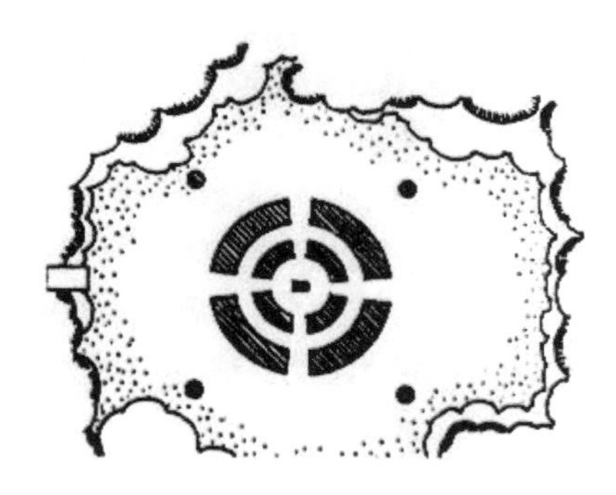
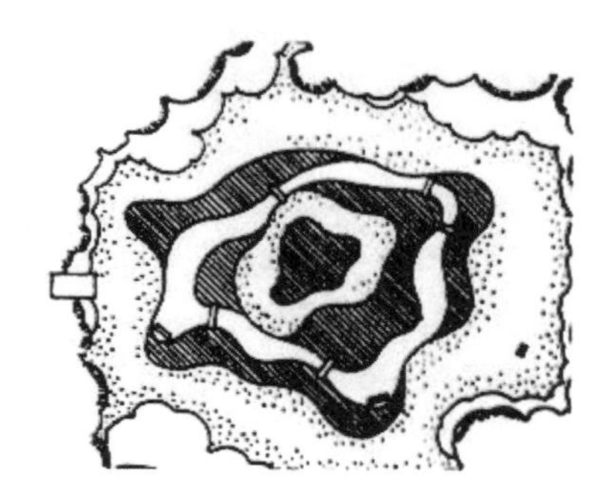

图1.19　借鉴克利的绘画，杰里科将规则的花坛转化为不规则的曲线花坛

3. 超现实主义

20世纪30年代，超现实主义在巴黎出现，并且对于景观艺术的影响力深远。许多超现实主义的画家被梦和潜意识的世界所吸引，常作画描绘梦境。从开始绘画就分为两支：一支是以米罗为代表的有机超现实主义(图1.20)，另一支是以达利为代表的自然主义的超现实主义(图1.21)。这种从超现实主义中来的生物形态可以运用到景观设计中，同时，超现实主义推崇非理性的美学，注重艺术家无意识状态下的突发奇想，思维和创作上的自由活动应不受任何约束和限制，这就激发了景观设计师更广阔的设计思路，使其景观作品在精神层面得到升华，而没有意识形态的包袱。艺术家作品中大量的有机形体，如卵形、肾形、飞镖形、阿米巴曲线等，给了当时景观设计师新的语汇。有机超现实主义艺术形式影响着景观设计师，如布雷·马克思、丘奇、施瓦茨等，他们运用有机超现实主义绘画的一些艺术技巧：自由变化自然对象的形态、彻底抽象自然的形态等转化为景观的设计手法(图1.22)。从墨西哥景观设计师布雷·马克思的作品中，其随意自由的平面构图，复杂抽象的曲线线条以及艳丽的色彩都能感觉出有机超现实主义的味道(图1.23)。

图1.20　米罗的绘画

图1.21　达利的绘画

图1.22　丘奇在唐纳花园中的肾形泳池

图1.23　布雷·马克思的地面铺装

4. 波普艺术

波普艺术是20世纪50年代初诞生在英国的一种艺术流派，20世纪50年代中期鼎盛于美国，就词义而言，波普是大众或者流行的意思，它打破了抽象表现主义艺术对严肃艺术的垄断，消除了艺术创作中高雅、低俗的分立，突破了现代主义艺术运动以来新权势力量对艺术的控制，开拓了通俗、庸俗、大众化、游戏化、绝对客观主义创作的新途径，它与立体主义一样，是现代艺术史的转折点之一。

受波普艺术影响的景观设计师施瓦茨是其中的一个典范。她用平凡的材料创造着不一样的景观。例如，她的瑞欧购物中心庭院(图1.24)，在整个设计中，设计师深受波普艺术的影响，将现实生活中的青蛙作为一个造园要素放在设计的场地中，最终形成视觉冲击力很强的景观效果。有人说施瓦茨这是对景观的叛逆，但是她自己有对景观独特的思考："景观是一种变化的意象，是用有形的方式对周围环境进行再现、提炼及象征，这并不是说景观是非物质的，它们也可以利用各种材料展现于不同的界面上，可以是画布的画、纸上的文字以及大地上的泥土、石块、水体和植物。她说，景观的营造，并不仅仅是为了满足功能的需要，景观的空间与形式也应能够表达、体现和代表人们看待世界的方式(图1.25)。"

图1.24　瑞欧购物中心

图1.25　"基因重组"的拼合图

5. 大地艺术

大地艺术是20世纪60 年代末出现在美国的一种艺术运动，又称为地景艺术，即作品与环境有机结合，通过设计来加强或削弱基地本身的，如地形、地质、季节变化等特性，从而引导人们更为深入地感受自然。大地艺术常采用土、石、木、冰等常见的自然物质以及线、圆、锥体等简洁的几何形式来组织和塑造风景空间。将艺术与自然力、自然过程和自然材料相结合，寻求人和自然间的交流。大地艺术继承了极简主义艺术的抽象、简约和秩序，但更注重艺术内在的浪漫性以及艺术与自然的融合。代表人物为克里斯托和他的妻子珍妮·克蕾、罗伯特·史密森、海泽、桑费斯特等人，其中最具影响力的作品是史密森的"螺旋形防波堤"，德·玛利亚的"闪电原野"，克里斯托夫妇的"飞奔的栅篱"(图1.26～图1.28)。

图1.26 | 图1.27
图1.28

图1.26 史密森的“螺旋形防波堤”

图1.27 德·玛利亚的“闪电原野”

图1.28 克里斯托夫妇“飞奔的栅篱”

20世纪60年代起，资本主义世界的经济发展进入了一个全盛时期，科学技术的迅猛发展，一方面极大地促进了经济的高速发展，人们开始对现代主义提出质疑，引起了各种思潮的浮现，出现了越来越多的与现代主义设计不同的现象。对西方后现代景观设计思潮影响较大的流派有解构主义思潮和极简主义思潮。

6. 解构主义

解构主义是从结构主义演化而来的，因此，它的形式实质是对结构主义的破坏和分解。解构主义大胆向古典主义、现代主义和后现代主义提出质疑，认为应当将一切既定的规律加以颠倒，如反对建筑中的统一与和谐，反对形式、功能、结构、经济彼此之间的有机联系。提倡分解、片断、不完整、无中心、持续的变化……解构主义的裂解、悬浮、消失、分裂、拆散、移位、斜轴、拼接等手法，也确实产生一种特殊的不安感。代表作品是屈米的拉维莱特公园中红色的点、长廊、公园(图1.29)。

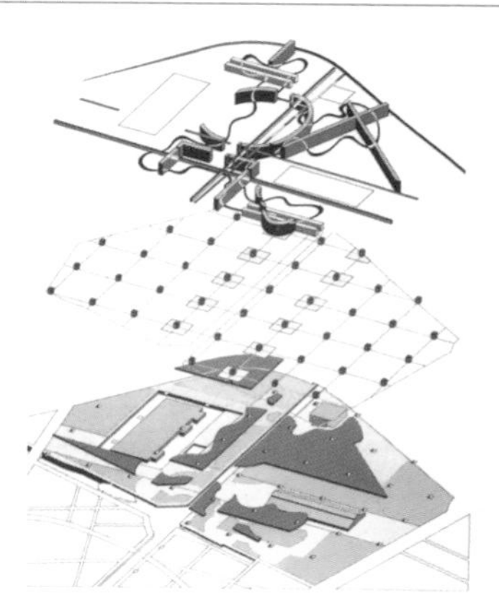

图1.29　屈米的拉维莱特公园

7. 极简主义

极简主义发源于20世纪60年代至20世纪70年代的美国，是一种以简洁几何形体为基本艺术语言的雕塑运动，是一种非具象、非情感的艺术，主张艺术是“无个性的呈现”，以极为单一简洁的几何形体或数个单一形体的连续重复构成作品。通过对原始结构形式的回归，回到最基本的形式、秩序和结构中去，从而达到“纯粹抽象”的形式表现，也被称作“初级结构”，这些形式与空间有很强的联系。极简艺术使得设计师抛弃现代社会中繁杂、庸俗、贵族化时尚方式，抛弃原来追求的表面、堆砌、繁杂的东西，转而追求一些简洁内在的、规律性的美学效果。20世纪60年代起，一些景观设计师逐渐受到极简主义的影响，他们从极简主义艺术中汲取了创作营养并运用到景观设计的实践中，创作了许多有极简主义特点的景观小品设计。例如，彼得·沃克极简主义的代表作(图1.30、图1.31)。

图1.30　沃克的加州橘郡市镇中心广场

图1.31　沃克的日本尖端科技中心

1.2.3 未来景观小品的发展趋势

现今的艺术发展更加自主性和多元化，艺术形式层出不穷，纯艺术与其他艺术门类之间的界限日渐模糊，艺术家们吸取了电影、电视、戏剧、音乐、建筑、景观等创作手法，创造了如媒体艺术、行为艺术、光效应艺术等一系列新的艺术形式，而这些反过来又给景观小品艺术行业从业者以很大的启示，丰富了景观小品设计艺术的创作思路。

现代城市景观小品设计，还应与环境的可持续发展相结合，可持续这一概念最先是生态学家所提出的，即确保自然资源和开发利用的平衡性。景观小品，本身是为人们服务的，供人们所享受、观赏，不单单追求的是大片大片绿地，人们更希望的是走在上班的路上可以是“台痕上阶绿，草色入帘青”这样一种境界。因此，“天人合一”的理念，追求“人、建筑、环境”相结合，“生态平衡”也是群之所向。

交互设计的概念出现于20世纪80年代后期，由比尔・莫格里奇提出，并率先将交互设计发展成为独立的学科。特里・维纳格瑞德将交互设计定义为“人类交流和交互空间的设计”，强调的是用户与产品使用环境的共存以及交互场所与空间的构建。交互设计是一门交叉性学科，融合了计算机技术、虚拟现实技术、工业设计、视觉设计、认知心理学、人机工程学等众多学科，其目的是满足用户对产品的需求。从城市景观角度理解交互设计，即满足城市公共设施使用者与公共设施、城市环境三者之间信息传达、交流体验感受的双向反馈需求，使得其充分发挥为市民服务、构建和谐城市环境的功能。如图1.32所示的“城市游标”座椅以超尺度方式的电脑滑鼠作为形式，它的设计是为了在公共空间中创造一种新的游戏和互动方式，以提高人们之间的交流。可以通过GPS将座椅的地理信息和移动数据传输到网络上，之后可以在谷歌地图上制图定位并且与使用者自发传输到网络上的画面结合在一起，从而实现物理世界和数字世界之间的联系。

图1.32 “城市游标”座椅

1.3 城市景观小品分类

景观小品形式丰富多样，包含的内容多而杂，有必要进行系统分类以便于认识。从“园林小品”或“园林建筑小品”到“景观小品”的称谓演化过程中，诸多的学者从不同的角度对小品进行了不同的分类，其涵盖的所有对象基本相同。针对现代景观的研究方向，根据城市景观构成要素不同的层面与环境设施的关系，把城市景观小品分为以下5类。

(1) 道路交通类：主要指明前进方向，提醒行人注意，完善和限制地面空间感受上，满足其他实用和美学功能所需而设置的，包括地面铺装、停车场等。

(2) 构筑物类：主要包括墙体、亭子、廊架、景桥等。这类景观小品以小型建筑物和构筑物为主，具有一定的可使用内部空间，但其面积和体量以及功能作用完全脱离于建筑本身，更注重艺术性和场所感，协调于周围的景观环境，为游人提供游览休憩场所的小品。

(3) 自然景致类：指景观小品构成要素中包括的自然属性元素，可美化自然环境，丰富城市空间，渲染环境气氛，例如地形、植物、水体、山石等。设计师应以专业的眼光去观察、认识场地固有的特性，充分发掘景观资源。设计的过程就是将这些带有场所特征的自然因素结合在设计之中，从而维护场所的健康。

(4) 城市家具类：可以认为是一个地区、一个国家的文明程度的标志之一，直接影响到空间环境的质量和人们的生活。包括座椅、种植容器、灯具、标识牌、垃圾箱、用水器、照明、公交站台、雕塑等，具有服务大众功能的实用型小品。

(5) 游乐系统类：包括儿童游乐设施、各种体育运动设施和具有休闲娱乐功能的健身器械等，这类景观小品能满足不同文化层次、不同年龄人的需求，深受人们的喜爱。

在城市景观中，作为整体景观因素的一个组成部分，景观小品的功效是将所有景观元素整合并实现其功能与作用。例如，景观小品之间的关联性、趣味性、参与性、变化性、创新性、同种小品的人性化等(图1.33～图1.40)。

图1.33 | 图1.34 | 图1.35

图1.33　绿植与座椅的结合

图1.34　座椅与地形的结合

图1.35　铺装与地形、水体的结合

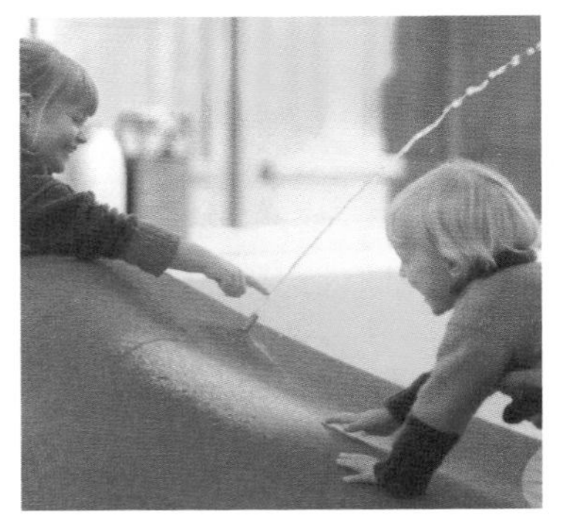

图1.36		图1.37
图1.38	图1.39	图1.40

图1.36 具有标识情趣的休息坐凳

图1.37 遮阳伞因“巨大花瓣”而情趣倍增

图1.38 有趣的饮水器使更多小朋友参与使用

图1.39 构筑物小品的材质变化

图1.40 多功能的小品设施

1.4 城市景观小品设置原则

城市景观小品拥有丰富的类型，并且经常彼此相互组合，在这个城市空间规划与人们越来越相关的今天，城市景观小品设计的适当性成为一个令人无法回避的主题，无论其所涉及的是形式的、美学的、文化的，还是功能的或趣味的层面。一个城市的发展，离不开围绕着人们生活的可视形态——景观小品设计，这是人们所处环境中的一种文化创造，是整合自然资源、协调生态的、公共的景观设计，是集合城市人以及周边环境和谐共生的景观设计，是塑造城市文化、体现精神与物质、功能与审美、政府与民众的关系，是大众文化所追求的设计。

1．力求与环境有机结合

景观小品的设计要把主观构思的“意”和客观存在的“境”相结合。景观小品作为一种实用性与装饰性相结合的艺术品，不但要具有很高的审美功能，更重要的是它应与周围环境相协调，与之成为一个系统整体。景观的周围环境包括有形环境和无形环境。有形环境包括绿化、水体、建筑等人工环境，无形环境主要指人文环境，包括历史和社会因素。在设计与配置景观小品时，要整体考虑其所处的环境应与小品的空间尺度、形象、材料和色彩等因素相协调，保证景观小品与周围环境和建筑之间做到和谐、统一，避免在形式、风格、色彩上产生冲突和对立。

2．实现艺术与文化的结合

景观小品要在城市环境中起到美化环境的作用，审美功能是第一属性，景观小品通过本身的造型、质地、色彩、肌理向人们展示其形象特征，表达某种情感、满足人们的审美情趣，同时也应表现一定的文化内涵。景观小品的文化性体现在地方性和时代性当中。它的创造过程就是对这些文化内涵不断挖掘、提炼和升华的过程，反映了一个地区自然环境、社会生活、历史文化等方面的特点。景观小品的文化特征反映在其形象上，因其周围的文化背景和地域特征而呈现出不同的设计风格。景观小品所处的城市环境空间只有注入了主题和文脉才能成为一个真正的有机空间。

3．满足人们的行为和心理需求

景观小品设计的目的是为了直接服务于人，城市环境的核心是人，人的习惯、行为、性格、爱好都决定了对空间的选择。所以，景观小品的设计必须“以人为本”，从人的行为、习惯出发，以合理的尺度、优美的造型、协调的色彩、恰当的比例、舒适的材料质感来满足人们的活动需求。要根据婴幼儿、青少年、成年人的行为心理特点，充分考虑到老人及残疾人对景观环境的特殊需要，落实在座椅尺度、专用人行道、坡道、盲文标识、专用公厕等细部小品的设计中，使城市景观真正成为大众所喜爱的休闲场所。

4．满足功能的需求和技术层面

景观小品绝大多数均有较强的实用意义，在设计中除满足装饰要求外，应通过提高技术水平，逐步增加其服务功能，要符合人的行为习惯，满足人的心理要求。功能性对于景观小品来说是基础性的要素，设计时应该首先考虑，像公园里的座椅或凉亭可为游人提供休息、避雨、等候和交流的服务功能，而标识牌、垃圾箱等更是人们户外活动不可缺少的服务设施。

技术是体现设计的保障，技术层面要求考虑景观小品广泛设置的经济性和可行性，要便于管理、清洁和维护，还要做到尊重自然发展过程，倡导能源和物质的循环利用及其自我维护。设计时还要注意防水、防锈蚀、防爆和便于维修等各种技术问题。

5．原始材料与新材料的使用

利用先进的科技、新的思维方式，创作出景观小品不同于以往的风格与形式。优秀的设计作品不是对传统的简单模仿和生搬硬套，而是将传统的园林文化、地方特色与现代生活需要和美学价值很好地结合在一起，并在此基础上进行提高和创新的作品，使景观小品形成别具一格的风貌特色。形式创新的同时应当积极进行材料、技术创新，当今景观小品的材料、色彩呈现多样化的趋势，石材、木材、竹藤、金属、铸铁、塑胶、彩色混凝土等不同材料的广泛应用，给景观小品带来了一片崭新的天空。只有不断创造出个性化、艺术化、富于创新的设计，才能适合时代的进步。

1.5 城市景观小品存在的问题

古希腊哲学家亚里士多德曾说："人们为了生活，聚居于城市；人们为了生活得更好，居留于城市。"城市具有文化、具有特色、具有品味，人们才能获得温馨感、舒适感，感应到文化品位和生活品质。

以技术革新为代表的文明演进改变着城市结构及其发展潜力，城市面貌有了很大的改观，人们对城市生活空间品质的要求日益提高，城市景观也越来越受到大众和专业人士的重视。但如今这些城市空间通常被过分规范化了，城市景观小品作为仅次于城市建筑空间的体现者，赋予了空间环境积极的内容和意义，它们应该重新成为一个共享和接纳的场所，拾回这两个被遗失的重要特质，为实现共同生活的愿望而面临挑战。为了达成这个转变，城市景观小品作为社会新功能和新发展方向的载体，是一个相当关键的元素。

欲整体考量，纵局部精细。著名的建筑大师密斯·凡德罗曾经说过："建筑的生命在于细部。"景观小品作为城市的"细部"，是城市文化底蕴和城市精神文明的物质载体，是展现城市性格和独特魅力的重要途径。一个成功的城市景观小品代表着一个城市文明建设的缩影，体现了一个城市的风貌和景观特色，增强了城市本身内在的吸引力和创造力，是一个浓缩了城市一切的产物。城市景观小品与环境实体融合在一起，为社会发展提供了一个历史舞台，长期的存在结合下去，对未来城市建设发展具有承前启后的作用。

城市景观的品质，人们的生活质量，景观小品的优劣以及配置的适合程度等，会影响整个城市的景观形象，进而对城市综合景观的整体效果产生一定的影响。如今，满足功能舒适之余又要加上美学的要求，文化遗产的问题被提出，政府部门管理城市设施的能力已成为他们被评荐的准则之一，城市景观的整体效果将直接反映市政建设的得力与否。因此，近年来世界各大都市均将其城市景观的塑造置于重要位置，作为城市构成要素的一部分，景观小品应当与城市景观和谐一致、相辅相成。

本章思考题

■ 各种艺术风格对景观小品设计的启示。
■ 景观小品设计在城市景观中的意义和作用。
■ 不同类型景观小品设计的未来发展趋势。

作业练习

■ 通过上网和查阅资料等方式，建立资料库，按照景观小品分类收集相关作品（地面铺装、停车场；墙体、亭子、廊架、景桥；地形、植物、水体、山石；座椅、种植容器、灯具、标识牌、垃圾箱、用水器、照明、公交站台、雕塑；健身器械、各种体育运动设施和儿童游乐设施）。

第2章 城市景观小品造型设计要素与流程

教学目标和要求

目标：了解艺术知识，了解现代科学与各要素的特性。通过学习独立的设计项目来逐步掌握景观小品设计中使用何种设计要素，这些要素起何作用。通过设置主题促进学生进行针对性的思考，以拓展其思维深度和广度。掌握具体工作流程，形成良好的工作习惯。

要求：学生要善于观察生活，注重人文历史知识的沉淀、对美的感悟与洞察力、资料收集与分析能力、徒手草图技能等。

本章要点

◆ 逐步掌握景观小品造型设计各要素的具体方法。

◆ 城市景观设计小品的具体工作流程。

本章引言

景观小品的艺术性属于环境设计美学范畴，可以简单地解释为环境艺术观感和美观问题。艺术语言是指各种艺术题材中用以塑造艺术形象，传达审美情感时所使用的材料、工具、手段，是艺术作品形式的基本构成要素，景观小品的特定内容必须借助于一定的艺术语言才能表现出来，成为可供人们欣赏的对象。

现代景观小品造型艺术的用语是“构成”，它的含义是将几何形态的点、线、面、体、色彩、材质等视为造型元素，并按照形式美的规律进行组合或重新组合，以创造出新的形态。因此造型艺术在注重形态创造的同时，又注重于理性的、逻辑的和创新的思维方式，已达到构成的秩序感、心理学上的平衡感。

2.1 构成要素

本节引言：

景观小品的构成要素，其外在形式指所运用的艺术语言和结构，是实质性物质元素，包括造型、色彩、材料、比例与尺度、空间等。

2.1.1 造型

造型即景观小品的外在形态，是最直观的元素，包括点、线、面、体。这些形态造型要素既是小品造型语言中语汇和形态构成的基础，又是形象思维和新形态造型的依据。城市景观小品所能够产生的各种变化万千的造型和丰富多样的美感，都是利用形态造型要素的特征变化和组合形式所呈现出来的。

1．点形态

点可以表明或强调位置，形成视觉焦点。通过改变点的颜色、点排列的方向和形式、大小及数量变化来产生不同的心理效应，形成活跃、轻巧等不同表现效果，给人以不同的感受。在景观空间物体的形态构成中，它表现为：一个范围的中心、一条线的两端、两条线的交点、面或体角上线条的相交处。

2．线形态

线按照大类来分有直线与曲线两种，如果细分还有水平线、垂直线、斜线、折线、几何曲线、自由曲线等。人的视觉会把线条的形式感与事物的性能结合起来而产生各种联想，如水平线有稳定感、平静、呆板；垂直线有生命力、力度感、伸展感；斜线的运动感、方向感强；折线的方向变化丰富，易形成空间感、紧张感；自由曲线表现自由、潇洒、休闲、随意、优美；几何曲线的弹力、紧张度强，体现规则美。

景观小品可以通过线长短、粗细、形状、方向、疏密、肌理、线型组合的不同来塑造线的形象，表现景观小品的不同个性，反映不同的心理效应，如细线表现精致、挺拔、锐利；粗线表现壮实、敦厚。线的运用如果不当会造成视觉环境的紊乱，给人矫揉造作之感。

3．面形态

面的形式有平面与曲面两种。平面在景观环境中具有延展平和的特性；曲面显示出流动、热情、不安、自由。景观小品通过运用各种面的形态分类的个性特征，并通过形与形的组合，表现多样的情感与寓意。低垂的面会产生压抑感；高耸向上的面形成崇高的气氛；倾斜的面产生不安的感觉；强调形状和面积，群化的面能够产生层次感。

4．体形态

体随着景观小品角度的不同变化而表现出不同的形态，给人以不同的视觉感受。体能体现其重量感和力度感，因此它的方向性又赋予本身不同表情，如庄重、严肃、厚重、实力等。另外，体还常与点、线、面组合而构成形体空间，如以细线为主，加小部分的面表现，可以表达较轻巧活泼的形式效果；以面为主，与粗线结合，可以表达浑厚、稳重的造型效应。

点、线、面、体基本要素及相互之间的关联，展现出的丰富多彩，通过分离、接触、联合、叠加、覆盖、穿插、渐变、转换等组合变化，使小品造型到达个性化的表现，让人们在审视中识别品味。点、线、面、体的基本要素在变化中演化成新的造型语言，是新时代意识下的创意构思，无论是自然景致、构筑物还是城市家具都可以通过点、线、面、体和整体的统一造型设计创造其独特的艺术装饰效果(图2.1)。

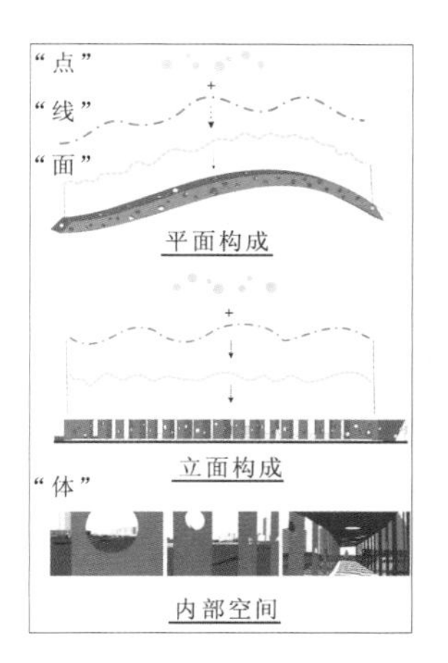

图2.1 引自第五届中国环境艺术设计学年奖获奖作品

2.1.2 色彩

色彩是物体对光不同反射并作用于人眼的结果，在人们直观感受中是最富有情感表现的因素，而且更是一切视觉元素中最活跃、最具冲击力的因素，是造型艺术的重要要素之一。英国著名心理学家格列高里所说："颜色知觉对于我们人类具有极其重要的意义，它是视觉审美的核心，深刻地影响我们的情绪状态。"色彩能唤起人们的情绪甚至情感。

1. 色彩的象征意义

景观小品中色彩同样明显地展现造型个性，反映环境的性格倾向。色彩鲜明的个性有冷暖、浓淡之分，对颜色的联想及其象征作用可给人不同的感受(表2-1)，暖色调热烈、让人兴奋，冷色调优雅、明快，明朗的色调使人轻松愉快，灰暗的色调更为沉稳宁静。景观小品色彩处理得当，会使景观空间有很强的艺术表现力。

表2-1 色彩的象征意义 朱晓明《历史 环境 生机》

色彩	象征意义	具体的联想
红	喜气、热情、兴奋、恐怖	火、血、太阳
橙	火热、跃动、温暖	橘、橙、秋叶
黄	光明、快乐、超脱	灯光、闪电
绿	青春、和平、安全、新鲜	大地、草原
蓝	宁静、理智、寂寞	天空、大海
紫	优雅、高贵、忧郁、神秘	葡萄、菖蒲
黑	庄重、严肃、悲哀	黑夜、炭
白	洁净、神圣、安静、雅逸	云、雪
灰	高雅、谦和、沉着	水泥、鼠

2．色彩选用的主要影响

(1) 功能、主题、形体及规模影响色彩的选用。

(2) 表面材料的本色、表面效果、质感及其热工状况等物理性质的影响。

(3) 地理气候条件的影响。

(4) 所在环境的影响。

3．色彩的作用(图2.2)

(1) 以加强景观小品造型的表现力。

(2) 以丰富景观小品造型空间形态的效果。

(3) 以加强景观小品造型的统一效果。

(4) 以完善景观小品造型视觉心理色彩的感受。

(5) 心理需求的影响。

4．色彩在景观小品中的应用(图2.3)

(1) 色彩与景观小品的功能相结合。

(2) 色彩与景观小品所处的环境相结合。

(3) 色彩与景观小品表达的主题相结合。

(4) 色彩应符合人们的心理需求。

图2.2　绿林中的红飘带

图2.3　清晰可辨识的色彩符号

2.1.3　材料

材质是材料质感和肌理的传递表现，人对于材质的知觉心理过程是较为直接的。赖特认为：“每一种材料都有自己的语言，每一种材料都有自己的故事。”设计者往往将材料本身的特点与设计理念结合在一起，来表达特有的主题，不同的质感、肌理带给人不同的心理感受。同样的材料由于不同的纹理、质感、色彩、施工工艺所产生的效果也不尽相同。

1．材料自身的特征

(1) 砖、木、竹等材料可以表达自然、古朴、人情味的设计意向。

(2) 玻璃、钢、铝板可以表达景观小品的高科技感。

(3) 裸露的混凝土表面及未加修饰的钢结构颇具感染力，给人以粗犷、质朴的感受。

2. 材料的属性分类、性能及应用建议(表2-2)

现今景观小品的质地随着技术的提高，形式多种多样，极大地丰富了景观小品的语言和形式。当代城市景观小品设计经常使用的主要有木材、石材、金属、塑料、玻璃、涂料等。由于景观小品被置于室外空间，要求能经受风吹雨淋、严寒酷暑，以保持永久的艺术魅力，设计人员就必须了解材料性能，使用坚固的材料。另一方面从审美角度上要依靠不同材料的应用来表现小品造型与景观美感，要通过不同材质的搭配使用，丰富景观小品的艺术表现力，各种材料的质感和特性都不一样，给人的视觉、触觉感受、联想感受和审美情趣也都有所区别，因此，使得现代景观小品从形式和内容上都有崭新面貌。

表2-2 各种常用材料性能及应用建议表

分类	常用材料	性能(优点、缺点)	应用建议
木材	天然木板、美耐板、塑合板材、藤、竹子	**优点：** (1) 木材种类繁多，有天然优美的花纹，相对于石与金属来说，有较佳的弹性和韧性、耐振动冲击，易雕刻加工 (2) 木材的热容量较大，材料较为温暖和舒适，给人以温暖亲近的感觉，并且拥有良好的视觉和触觉效应 (3) 木材是城市景观环境中与其他景观要素融合最自然的材质，并且符合人的生理与心理需求 **缺点：** 木材易遭自然侵袭和人为的破坏，诸如由于雨淋、日晒、虫蛀而变形开裂、腐朽、变色，不能作为小品主要结构的材料	(1) 由于质感轻不能承重，作为大体量小品的材料时，木材不要作为主要结构材料使用，应作为次要的辅助材料使用 (2) 由于木材易腐，木质材料应主要应用在体量小的小品中，这样易于修补与替换，如座椅、花钵等，并且要涂防腐漆及防虫油 (3) 为防水，木材在雕塑小品中使用时，要把木质雕塑小品放置在高出地面至少10cm以上 (4) 木材质感亲切、自然，小环境中多采用木质小品
石材	混凝土、大理石、花岗岩、青石、汉白玉、瓷砖、陶瓷	**优点：** (1) 品种众多，采料方便，色泽纹理丰富 (2) 材质坚实，给人坚硬、凝重沉稳之感 (3) 能够抵御大自然的风化，耐腐蚀性能强，能抗击各种外力，且能防水耐火 **缺点：** (1) 触感差，不适合作为座椅面材料使用 (2) 不能建造或雕刻过于细碎纤巧的小品造型	(1) 由于石材一般不宜雕琢得过于细碎纤巧，应舍弃不必要的空洞和枝节，注重整体的团块结构，尤其强调构成形式上的力度所引发的重心变化，以保持绝对稳定性 (2) 由于石材材料一般色彩单一，最好与其他材料搭配使用，既能改善石材色彩单一的视觉效果，并且能减少对大自然的破坏

(续表)

分类	常用材料	性能(优点、缺点)	应用建议
金属	铜器	**优点：** (1) 铜器具有细腻的质感，可以做出精致清晰的细节，能够完美地表现塑造痕迹，表面经过氧化、打磨等化学处理，可使不同部位产生不同的色泽和明暗效果，具有丰富优美的质感 (2) 可塑性大、加工容易、坚固不碎 (3) 具有古朴深沉的色泽以及表面氧化的历史沧桑感。既可铸造出厚实的团块形体，又可浇铸出支离通透的结构 **缺点：** (1) 易氧化生锈，颜色单一 (2) 由于铜器的韧性不是很好，所以现代城市景观中的大尺度雕塑很少应用青铜材料	(1) 铜器因含其他金属的成分不同而有黄、红、青铜之别，由于铜器色彩纯度较低，应注意与所在环境中的其他景观要素颜色的搭配，且易放置于明亮的颜色中 (2) 铜器不易制作大体量的雕塑，会对空间及人的心理造成压抑感，多用于与人等比尺度的雕塑中
	不锈钢	**优点：** (1) 能反射周围景物和天空，极具金属感，具有装饰效果，现代感强 (2) 具有高强度和耐久的防蚀性，它不会产生腐蚀、点蚀、锈蚀或磨损 **缺点：** (1) 因切割、焊接、抛光等加工困难，成本高，不能量产 (2) 受工艺的限制不适宜制作过于复杂的形体，只适合制作比较简洁和单纯的造型	(1) 由于不锈钢呈银灰色，不易放置在背景为灰色的建筑群中，应注意与所在景观环境的色彩搭配 (2) 不太适宜于刻画细腻丰富的作品，造型上宜简洁、单纯，多以半抽象为主 (3) 不锈钢材质具有现代感，多与现代主题相协调
	铸铁	**优点：** (1) 铁是一种资源丰富、价格低廉的金属材料，比之铜更为坚实耐用 (2) 使其景观小品具有古典风格，且形式多样、造型优美 **缺点：** (1) 铁质地坚硬、易脆裂 (2) 较铜更易氧化锈蚀，失去光泽而发黑，算不上理想的材料	铸铁是炼钢和铸造器物的原料，通过烧沸、浇铸到预制模具中，脱模形成造型。铸铁饰品典雅美观，常用于景观桥扶手和座椅中

(续表)

分类	常用材料	性能(优点、缺点)	应用建议
塑料	有机帆布、PVC材、尼龙、塑胶材、各种树脂、橡胶、ABS板、有机玻璃、玻璃钢	**优点**： (1) 塑料是人造合成物的代表，由于不易碎裂，加工又比较方便，已逐渐被广泛运用 (2) 塑料可以按照预先的设计，制作成各种造型，可以仿制多种材料效果，这是其他材料无法比拟的，是各种重金属及水泥等的替代产品 (3) 能制作动态幅度、空间跨度较大的雕塑造型，且比金属材料更适于挪动搬运和安装 **缺点**： (1) 不能在高温下长期使用，长期耐温性差，具有易变形、易静电等弱点 (2) 在紫外线、风沙雨雪、化学介质等作用下容易导致性能下降产生老化现象	(1) 由于塑料材质工艺简单，可以一次成型，在造型较为复杂的小品中，应多采用 (2) 由于塑料材质在紫外线、风沙雨雪、化学介质等作用下容易导致性能下降产生老化现象，塑料材质小品不易在具有炎热气候的地区使用 (3) 塑料具有特有的人情味和很强的时代性，塑料材质小品可以用来传达工业文化的信息
玻璃	钢化玻璃、镜面玻璃、压花玻璃、彩色玻璃	**优点**： (1) 玻璃还具有硬度、锐利、清洁及易加工等特点，能营造出轻盈、明快的视觉效果 (2) 一种比较现代的材质，晶莹剔透，明朗洁净，可塑性又很强，成为许多现代设计师都很喜爱的有机高分子材料 **缺点**： 容易破碎，存在危险隐患，使用时需做特殊处理	玻璃具有一定透明性，对光有着较强的反射、折射性，这是玻璃有别于其他材质的根本之处。在具体设计中，利用这一特殊质感进行设计，可增加奇异的效果

2.1.4 比例与尺度

比例是指一个整体中部分与部分之间、部分与整体之间的关系，比例是控制景观小品自身形态变化的基本手法之一。正确确定景观小品的比例，可以取得较好的视觉效果。

尺度是指事物的整体或局部给人感觉上的大小印象和真实大小之间的关系问题。形式美法之中的尺度是一种尺度感，是以相对恒定的人或物体的尺寸为基础，对事物产生的大小感觉。景观小品的尺度控制在其设计中是非常重要和关键的。比例和尺度作为衡量物体的标准，在景观小品的设计中是否合理运用会直接影响人们对其的生理感受和心理感受。

2.1.5 空间

图2.4 实体空间作品

空间是物质存在的一种客观形式，是由长度、宽度、高度表现出来的。空间的概念是事物存在的相对概念，离开了事物的对象、距离、疏密、比例，就很难确定空间的量度。景观小品作为整个城市空间构成的一部分，一方面它与整个城市、区域产生相互影响，构成空间、比例、体量的关系；另一方面它本身作为一个实体，也具有相对独立的空间构成形式。

图2.5 依靠它的空间作品

景观小品的空间特性包括3个方面的内容：它所占有的实体空间(占领和围合)、依靠它的空间(空洞和空隙)以及由它散射的空间(氛围)。所以它不仅是实体的，而且是虚空。不仅是物质的，而且是感觉的。

1. 所占有的实体空间(占领和围合)

景观小品作为一个实体的物质表现，是立体三维的，会占有一定的位置，也包括占领性的实体相互间如具有适应的尺度关系，在各占领空间之间形成一种张力，它们可以共同限定一个空间(图2.4)。

2. 依靠它的空间(空洞和空隙)

景观中有漏窗的景墙设计使空间隔而不透，植物、水景的布置不仅美化了城市的景观环境而且也起到了分割空间的作用(图2.5)。

图2.6 散射的空间作品

3. 由它散射的空间(氛围)

景观小品与周围环境共同塑造出一个完整的视觉形象，同时赋予空间以生机和主题，通常以其小巧的格局、精美的造型来点缀空间，使空间诱人而富于意境，从而提高整体环境景观的艺术境界。亭子、花架下营造出休闲、交流的空间，喷泉、水池构建出娱乐玩耍的空间(图2.6)。

2.2 形式美要素

本节引言：

形式美是带有普遍性、必然性和永恒性的法则，多样与统一是艺术作品形式美的主要原则，包括主从与重点、对称与均衡、对比与协调、节奏与韵律等形式要素。通过景观小品造型设计的美学法则讲述，学习其设计中美学法则的具体操作方法。

2.2.1 主从与重点

主从与重点法则是视觉特性在景观小品中的反映。简言之，主从是小品各部分的从属关系，缺乏联系的部分不存在主从关系，在设计中应善于安排各个部分以达到一定的效果，重点是指视线停留中心。

1．主与从

人们的感受由于局限、缺陷和视野、视角等关系而产生了主从关系，这是达到统一与变化的必要手段。主从关系主要体现在位置的主次，体型及形象上的差异。在处理主从关系时，以呼应取得联系，以衬托显出差异，如采用对称的构图形式，则主要表现为一主两从或多从的结构。

2．重点与一般

重点是相对一般而言的，没有一般就没有重点。由于视线停留在主要内容上，其视线集中就形成了重点。所以重点不但在部位上是主要部分，在处理上也应细致地刻画。

2.2.2 对称与均衡

黑格尔曾写道："要有平衡对称，就须有大小、地位、形状、颜色、音调之类定性方面的差异，这些差异还要以一致的方式结合起来。只有这种把彼此不一致的定性结合为一致的形式，才能产生平衡对称。"在城市景观设计中小品造型上为了达到均衡，需要对体量、色彩、质感等进行适当的处理。其中，以构图、空间体量、色彩搭配、材质等组合是相对稳定的静态平衡关系，以光影、风、温度、天气随时间变化而变化，体现出一种动态的均衡关系。

1．对称

对称指造型空间的中心点两边或四周的形态具有相等的公约量而形成安定现象。对称能给人以庄重、严谨、条理、大方、完美的感觉，有些对称是安定而静态的，有些对称则是在安定中蕴涵着动感。对称在景观小品设计中最为常见，是形式美的传统技法。但有时过于严谨的对称会给人一种笨拙和死板的感觉，因此在设计中应该灵活地运用对称形式。

2．均衡

均衡实际上是一种对比对称，是指支点两边在形式上相异而量感上等同的布局形式，是自然界物体遵循力学原则而存在的现象。均衡强化了事物的整体统一和稳定性。均衡变化多样，常给人一种轻松、自由、活泼的感觉，在比较休闲的景观小品设计中应用广泛。

2.2.3 对比与协调

在景观小品造型设计中常采用对比与协调的手法来丰富景观小品所在环境的视觉效果，可以增加小品的变化趣味，避免单调、呆板，达到丰富的效果。

1．对比

(1) 大小对比：在景观小品造型设计中常采用若干小体量来衬托较大的体量，以突出主体，强调重要部分。

(2) 方向对比：指形体所表现的事物的朝向，又指小品造型结构的走向(如垂直走向、水平走向、倾斜走向)等，上下、左右、前后、横竖、正斜等方向对比可以使得小品造型整体产生一种运动感或者动态均衡感。

(3) 材料质地、肌理对比：指材料本身的纹理、色彩、光泽、表面粗细的对比。

(4) 色彩对比：一般地说，色彩色相、明度、饱和度以及冷暖色性等都可以成为对比的元素，但色彩对比的主要表现是补色对比以及原色对比。

(5) 表现手法对比：方圆、粗细、高低等，材料的软硬、刚柔等。

(6) 虚实对比：是围绕着作品的功用和主题展开的，虚实结合。

2．协调

协调在设计中运用广泛，易于被接受。但在某种环境下一定的对比可以取得更好的视觉效果，实际上也是一种协调。在设计时，要遵循“整体协调、局部对比”的原则，即景观设计的整体布局要协调统一，各个局部要形成一定的过度和对比。

2.2.4 节奏与韵律

节奏与韵律又合称为节奏感，它是美学法则的重要内容之一。在景观小品的形态设计中，运用节奏和韵律的处理，可以使静态的空间产生律动的效果，既对形体建立起一定的秩序，又打破沉闷的气氛而创造生动、活跃的环境氛围。

1．节奏

节奏表现为有规律的重复，如高低、长短、大小、强弱、明暗、浓淡等。

2．韵律

韵律在节奏基础上发展，是一种有规律的重复，如高低变化表现为高高低低等形式，所以韵律给人的感觉更加生动、多变，也更富有感情色彩。

节奏和韵律的关系：节奏是韵律的单纯化，韵律则是节奏的深化和发展。根据归纳总结，景观小品韵律美的构成体现为以下几种表现形式。

(1) 连续的韵律：以一种或几种要素连续、重复地排列而形成，各要素之间保持着恒定的距离和关系，可以无止境地连绵延长。

(2) 渐变韵律：连续的要素如果在某一方面按照一定的秩序而变化，例如逐渐加长或缩短、变宽或变窄、变密或变稀等。

(3) 起伏韵律：渐变韵律如果按照一定规律时而增加、时而减小，有如浪波之起伏，或具有不规则的节奏感，即为起伏韵律，这种韵律较活泼而富有运动感。

(4) 交错韵律：各组成部分按一定规律交织、穿插而形成。各要素互相制约，一隐一显，表现出一种有组织的变化。

2.3 环境要素

本节引言：

环境本身是个十分广泛的概念，可大可小，其分类也多种多样。从大的方面讲，一般包括客观环境和社会环境；从小的方面看，分为自身环境与周围环境。景观小品的空间尺度和形象、材料、色彩等因素应与周围环境相协调。某种程度上说，景观小品与环境的关系比个体设计更重要。城市广场与公园中的铺装、公共座椅、雕塑、花坛等，由于它们不同的功能和所处的不同位置，易于引起人们的注意。它们的造型色彩、造型形态与环境是否协调，直接影响着城市的景观效果，反映城市景观环境质量。

2.3.1 环境分类

结合城市景观小品的特点，其设计时考虑的环境主要有以下几类。

(1) 物化环境：噪声、空气质量、温度、粉尘、照明、人流量等物理因素。

(2) 社会环境：所处不同空间的文化氛围、社会秩序、管理等因素。

(3) 美学环境：造型、色彩、音乐等给人的感官效果。

2.3.2 景观小品造型空间与环境关系

把外界的景色巧妙地组织起来，使单一、零散的景观更为统一有序、富有变化，在空间中形成过渡和连接的纽带，引导游人从一个空间进入另一个空间。

1. 焦点式布局

焦点式布局在景观环境中主要起到主景作用，即把景观小品布局在环境的中心位置，一切围绕中心层层展开，可在十字路口中间，在道路轴线的尽头或在广场中央等。

2. 自由式布局

自由式布局在景观环境中主要起到点景的作用，能给景观环境带来比较自由、活泼、轻松的效果，注意做到看似漫不经心的摆放，却是精心设计，使景观小品的布局恰到好处。

3. 边界式布局

大部分景观小品都可以布局于道路及广场的边界上，在造型上点状、线状与面状均可应用，主要起到界定空间，分割、遮挡，装饰、美化边界的作用。

2.4 行为要素

本节引言：

人类行为与环境的相互作用中会产生各种不同的行为类型，这是人类行为的潜质，但是人的基本行为不会变化，所以以人的基本行为作为研究的出发点。景观小品设计是为人的行为追求生理和心理需求给予满足的活动，人体工程学和心理学直接为景观小品设计提供了人与物关系的可靠依据。

2.4.1 生理尺度——人体工程学

人体工程学包括人体感觉、尺寸、动作、能力、行走范围和行为模式、无障碍设计等。景观小品应依据人体工程学的尺度数据进行设计，通过测量手段，可以使人体对空间尺度等的需要得以量化，合理解决景观小品设计与人的关系，得以创造最佳的城市环境，满足人们的需求。

1. 满足人体的感觉需求

感觉是人脑对直接作用于感觉器官的事物的个别属性反映，人的感觉包括视觉、听觉、本体感觉、化学感觉(嗅觉和味觉)及皮肤感觉等。

(1) 视觉系统：人们认识世界的过程，大部分信息都是通过视觉系统获得的，光、对象物、眼睛是构成视觉现象的三要素。了解人的视觉特性，可以使景观小品的设计获得最佳的视觉效果。

(2) 听觉系统：听觉是仅次于视觉的重要感知途径，人体工程学运用声学原理研究景观小品实现其功能与人的感官作用时的听觉效果，使有声的景观小品给人以美的享受。

(3) 肤觉：皮肤感受着与它接触物体的刺激，是人体上很重要的感觉器官。人体皮肤分布着三种感受器：触觉感受器、温度感受器和痛觉感受器。触觉严格要求了景观小品设计的质感和质量，要予以重视，正确对待。

2. 满足人体的尺寸需求

对景观小品设计而言，了解人体的尺寸，掌握人的生理尺度是设计师必须具备的基本技能。人在生活中的行为是多样的，不同的行为产生不同的姿态，人体活动所依据的空间尺度是确定城市景观小品设计尺度的主要依据，它关系到所设计的景观小品定向目标的适用性，操作简便、准确的舒适性，显示景观小品的可识别性以及结构的宜人性等。所以在城市景观小品设计中应考虑男女老少不同的生理条件和姿态特征，采用适应大多数的人体尺度标准，并留有一定空间余地。“以人为本”的城市空间还要求在设计过程中要考虑儿童、老人和残障人士等弱势群体的行为姿态尺度和特殊要求或进行专案设计(单位：mm)(图2.7—图2.9)。

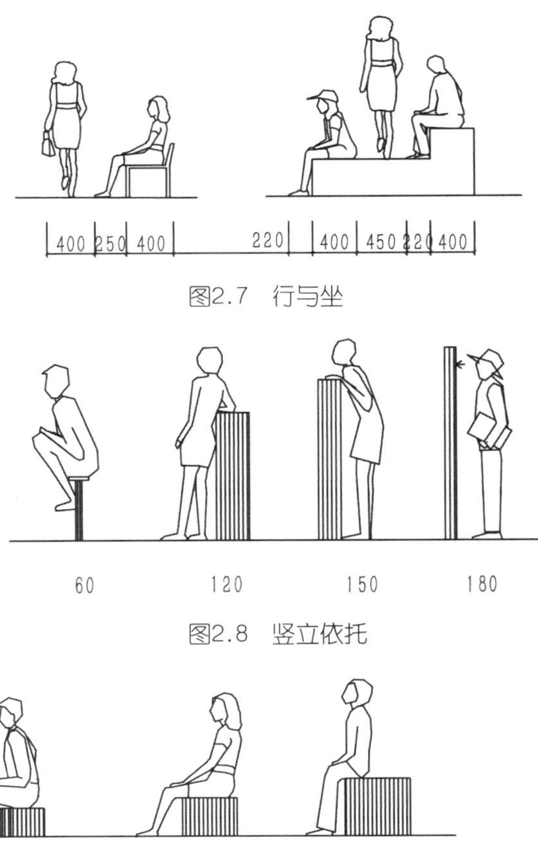

图2.7 行与坐

图2.8 竖立依托

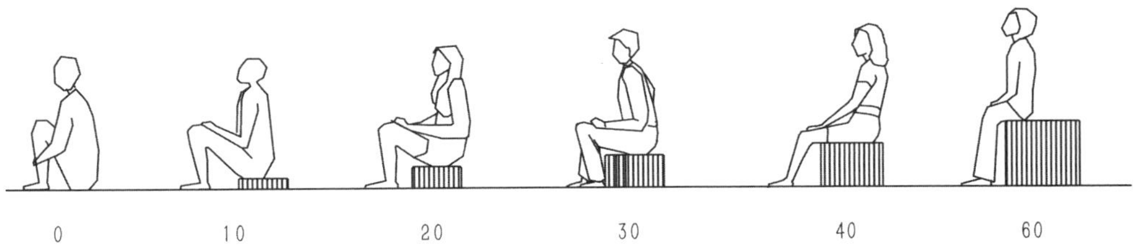

0
10
20
30
40
60

图2.9 座位高度与姿势

3. 满足动作、行为模式需求

1) 坐

坐一般是步行空间下的短暂静止状态，发生的原因一般为休息、交谈、更好地观看等。关于可以坐的景观小品，可以分为直接提供坐和间接提供坐的小品。直接可以坐的小品即常见的坐凳、坐椅等。间接提供坐的小品包括踏步、花池、挡土墙等。但是人们选择这些小品坐的时候，除了清洁度以外，同时还要看小品的高度和宽度。一般来说，45cm左右的高差是人最为舒适的坐姿高度(图2.10)。

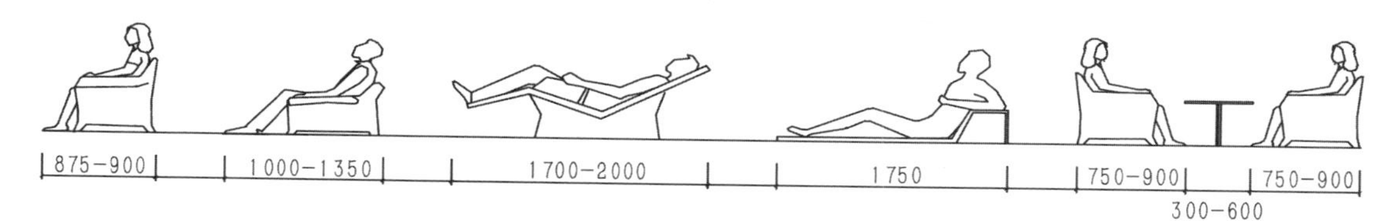

图2.10 坐卧

2) 行走

行走可分为有目的行走和随意行走两类。无论是有目的行走还是随意行走，都有人的生理、心理要求。

(1) 要求有一定的行走空间，不过多地受到他人的干扰和推挤，其行走路线不因受阻而过多地迂回。

(2) 要求地面应平坦清洁。

(3) 要求行走的距离不能太长，否则就会感到疲乏厌倦，产生休息的要求。一般来说，大多数人可以接受的行走距离在500m以内，但在行走的路线富于变化，沿线的景物和空间比较丰富多样的情况下，行人往往不容易感到疲劳，从而可以行走更长的距离(图2.11)。

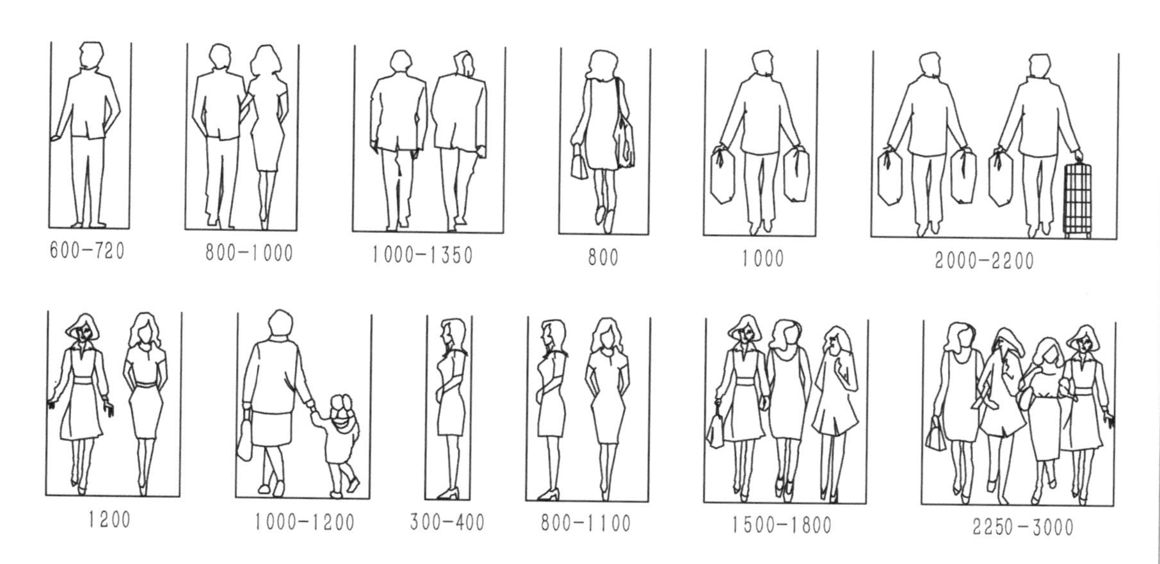

图2.11 行走

3) 站立

大多数站立行为都有一个明确的功能特征，如停下来交谈、驻足观望或者做点别的什么事。这一类简单的停留受物质环境的影响不大，行人只是在遇到阻碍的地方，在沿物的边界或其他必须停留的地方才会停下来，人们选择驻足的地点往往处于边缘。

4) 观看

人们在任何地点总是不自觉地观看周围发生的事情或周围的人或物。与此同时，他们也会被别人观看，生活的场景就丰富起来。一般情况下人们总是选择一些不被人注意的地点进行观看，观看总是在别的动作的衬托下进行的，如和同伴聊天时观看，坐在公园休息时观看，在喝茶时观看等。

5) 视听

随着科学技术的发展，电子产品走进人们的生活，高科技视听一体的产品可以让游人享受音乐、影视带来的快乐。例如音乐喷泉，总是引来络绎不绝的人前来观看，这也是一种视听的行为。

人作为感受环境的主体与其周边环境的空间尺度与比例有着密切的联系。这里的尺度不仅是相对于人体的生理尺度(即符合人体工程学，让人感觉相对舒适的尺度)，而且也是人们的心理尺度(即环境的尺度在被人们肉眼所感知后在脑海中产生的印象，从而引起的心理上的感受乃至错觉)。人的行为是受心理驱使的，了解人的自身的需要和心理的变化十分重要。

2.4.2 心理尺度——心理学

城市空间只是一种功能的载体，人是景观小品的使用主体和欣赏主体，因此在设计上必须考虑人能看到、能直接与之接触的，使景观小品根据人们的特点、理解力、喜好、人与环境的时空距离、需求的适合程度等因素进行设计。根据视觉的局限性可以确定人与景观小品的观赏视域(远眺、近观和细察)以及视角(仰视、平视、俯视)，同时可以确定景物应突出的重点部位。当着重突出景物的远视效果时，则要着重设计景物的整体形态与体量。如果主要是近距离欣赏景物，则应突出景物的细部形态。

城市景观小品存在于大环境中，要与所有远的近的、高的低的、静的动的物体配合，并与山川、树石、建筑物、道路、人车、日照、其他雕塑等取得协调、安全、均衡的比例。当景观小品有着适宜的尺度时，不仅能让人们感觉舒适、方便，更能让人们得到视觉上的享受，从而使景观的价值得到体现与升华。

1. 视角

从不同角度对景观小品进行观赏，视觉效果各异，城市景观小品的视角包括水平视野、垂直视野和视野协调。

1) 水平视野

水平视野是城市景观小品的横向宽度及空间的纵深距离。根据科学测定水平方向视区的中心视角10°以内是最佳视区，人眼的识别力最强；人眼在中心视角为20°范围内是瞬息视区，可在极短的时间内识别物体形象；人眼在中心视角为30°范围内是有效视区，需集中精力才能识别物像；人眼在中心视角为120°范围内为最大视区，对处于此视区边缘的物像，需要投入相当的注意力才能识别清晰。人若将其头部转动，最大视区范围可扩展到220° 左右(图2.12)。

2) 垂直视野

垂直视野是研究城市景观小品设计的高度及总体平面配置的深度。根据科学测定垂直方向视域中人眼的最佳视角在视平线以下约10° 左右，视平线以上10° 至视平线以下30° 范围为良好视角，视平线以上60° 至视平线以下70° 范围为最大视角，最优视角与水平方向相似(图2.13)。

19世纪德国建筑师麦尔建斯规定了18°、27°、45° 视角的基本含义：认为人们在平视状态下，观赏角度处于18° 垂直视角时(即视距等于建筑物高度的3倍)是从群体的角度观赏建筑全貌的基本视角；27° 垂直视角(即视距为建筑物高度的两倍)是建筑物个体的最佳观赏视角；45° 垂直视角(即视距等于建筑物高度)被认为是观看建筑物个体的极限视角。5° 垂直视角即视距相当于建筑物高度的10倍，超过这个距离，建筑物会变得极小。

3) 视野协调

除了进行水平与垂直视野分析外，还要进行视野整体协调分析，用以调整城市景观小品之间的体积、形态、色彩以及与周围建筑或环境的关系。特别是相互遮挡和屏蔽关系，便于构筑主次及中心。

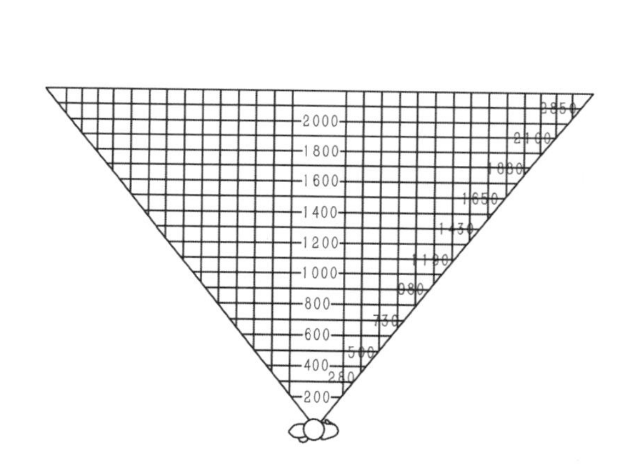

图2.12　左右辨认视界

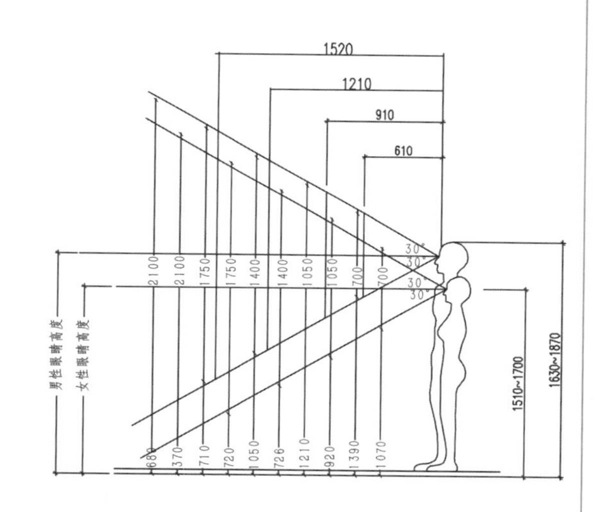

图2.13　上下辨认视界

2. 视域

根据人的生理、心理反映，盖尔分析了社会性视域(0～100m)的情况有如下几种。

(1) 0.5～1km的距离之内，可以分辨出人群。

(2) 70～100m的距离内，可确认性别、年龄、在干什么。

(3) 30m左右的距离内，可看出发型、面部特征。

(4) 20～25m的距离内，可看清表情和心绪。

(5) 1～3m的距离内可进行一般性交谈，体验到有意义的人际交流所必需的细节。如果再靠近一些，印象和感觉就会进一步加强。

(6) 0.5m是非常亲密的感情交流的范围，所有感官一齐起作用，所有细微末节都一览无遗。

日本人芦原信义曾提出在外部环境中采用20～25m的模数，他认为："关于外部空间，实际走走看就很清楚，每20～25m，或是有重复的节奏感，或是材质有变化，或是地面高差有变化，那么即使在大空间里也可以打破其单调，有时会一下子生动起来。"

2.4.3 行为要素对景观小品设计的意义

(1) 通过人体测量学获得的尺度概念和体量依据为景观小品形状、尺寸的设计提供了有力的依据。

(2) 景观小品的造型特征可以以人体结构为基础，更好地达到使用标准。

(3) 掌握人们活动规律，可以构成人与景观小品之间的合理关系。

(4) 了解人体工程学可以防止人在使用和错用时产生伤害。

(5) 检验景观小品部分的设置是否实用，是否便于保养和修理。

2.5 创新要素

本节引言：

创新能力不是凭空产生的，而应该建立在相应的素质与技能的基础之上。例如人文历史知识的积淀、对美的感悟与洞察力、资料收集与分析能力、徒手草图技能、模型制作技能等。因此设计师要善于观察生活，生活中最普通和容易接受的事物都可以作为创新元素和创新点进行放大和应用。

2.5.1 主题内容(见图2.14、图2.15)

内容是题材、主题思想等因素的综合，是艺术家创作和受众领悟的重点，是艺术作品的灵魂和核心。只有注入了文化内涵，丰富其内在的艺术创作内容，景观小品才能激起人们心灵的深刻感受。不同的景观小品艺术文化题材给人以不同的心理感受，很多文化素材和文化时尚都能构成景观小品文化设计的题材，按不同的主题内容分类如下。

(1) 传统文学：此类文艺性小品把文学、艺术、书法、诗词等经典以景观小品的形式出现。

(2) 传统艺术：具有民族特色，蕴涵着中华民族最基本的、最深刻的文化内涵。例如：皮影、剪纸、编织、绣花等。

(3) 古代寓言故事：通过对历史上有特殊意义的事件充分调动人的情绪，让人们回到特定的历史时间里，感受当年的生活。有脍炙人口并有着强烈道德教化意义的寓言故事，大都在民间口耳相传，具有较高的文学性、艺术性和思想性，使人们在欣赏小品艺术的同时受到教育。

(4) 宗教和神话传说：佛教、道教、基督教、儒教素材经常作为创作题材，包括宗教人物、宗教故事。能传达神话和宗教的精神，实现了人们对精神领域的崇拜和归宿感；神化传说有英雄主义和浪漫主义的故事作为传说题材，使艺术作品有了阳刚之美或世俗情感。

图2.14 以“中国传统剪纸”为主题

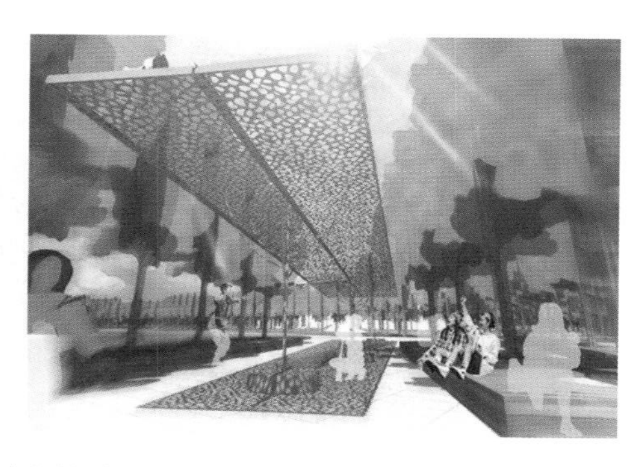

图2.15 以“抽象元素”为主题

(5) 中国文化符号：人类在进化的过程中不断创造自己的文化，文化的不断积淀形成了特定的文化符号。文化符号就是将文化的创造过程记录下来的特殊形式，如篆刻、书法、京剧、花脸、旗袍、太极、龙、瓷器等。

(6) 中国的文字：通过图形化、符号化的表现特质，更加丰富了其表现形式。甲骨文、篆、隶、楷等各书体不同的表现也为当代景观小品提供了丰富的视觉元素。

(7) 特定环境：主要让人们感受独特的情调和特定的环境氛围，有可爱的、休闲的、欢快的等。

(8) 思古怀旧：人通过与景物的对话，能跨越时空回到古时的文化，从怀旧文化中得到精神上的满足。如水车、水井、古钟、风车、船锚、老家具、老古董等都是常用的形式，不仅体现了神秘、古朴与粗犷，而且有很强的装饰效果。

(9) 著名人物：以著名人物影响力为题材作为创作的源泉，利用居民对著名人物的崇拜心理，吸引人们的注意力，如政治人物毛主席、科学家爱迪生、教育家哲学家孔子等。

(10) 运动类：抓住运动中最为有代表性的动作瞬间，人物形体处理以概括归纳为原则，强调运动的协调和动式美，在一种形式美的基础上追求主语内涵的表现。

(11) 抽象元素：在形、色、质上一般采用现代主义表现手法，以流畅的线条、独特的造型表达深刻的内涵，其材料新颖，工艺较为先进。

(12) 中国传统建筑语言：中国建筑文化里有许多独有的文化符号，比如建筑构件和饰品等。独特的建筑构件形式能表达建筑的风格，有代表性的建筑构件，往往能形成一种文化语言，同时也包含了很深的文化内涵。

(13) 特色植物与动物：如夸大的玫瑰、竹笋、瓜果蔬菜，十二生肖动物、恐龙、仙鹤、蟹、海螺、蜗牛、昆虫等。

(14) 生态与自然：针对人与自然关系迥异的今天，生态自然主题成为现代景观发展的必然趋势。利用自然——以原自然地貌与植被为基质的景观设计，尽量小地对原始自然环境进行变动；物尽其用——材料与资源再利用的景观设计，变废为宝，化腐朽为神奇；借助技术——对能源提炼的景观设计。

2.5.2 构思技巧

创意能够引起物质世界的变动，首先是由于创意的“新”：新观念、新方法、新事物。每个人都具有思维的“超越性”，但又有差别，人的思维受到许多制约，比如客观环境、教育背景、生理状态等。思维训练是有计划、有目的、有系统的训练活动。景观小品由于其自身的特点，除功能上限制外，在造型立意、材质色彩运用上可以更加灵活和自由，因此造成它的构思出发点较多，常见构思技巧如下。

(1) 发散思维：它是从一个目标或思维起点出发，沿着各种不同的途径和方向去思考，顺应各个角度，探求多种答案的思维。对创造性思维而言，运用发散思维，做出非习惯性联想。

(2) 集群思维：针对解决的问题开小型会议，与会者按照延缓批判、数量孕育质量等原则和要求在轻松融洽的气氛中，无拘无束、敞开思想、各抒己见，使创意激情、冲动、智慧能达到互相激荡、互相启发、互相补充。

(3) 演绎法：首先确定设计的总目标，然后将其一步步分解，形成一个多层次目标系统。这种方法的关键是要对各种设计问题进行详尽的罗列，并辨别问题之间的关系。

(4) 归纳法：包含归纳和回归两个步骤，前一步骤与演绎法的推导过程恰恰相反，它由一些杂乱的、基本的局部目标出发，逐级向上推导，直至归纳出设计的总目标。后一步骤则与演绎法相同，它将归纳所得的总目标再逐层分解为系统的局部目标。

(5) 形态分析法：把需要解决的问题分解为各个独立的要素，再将各要素排列组合分析(如材料、工艺、功能、形态等)，其中以形态分析为主要内容，获取设计方案，并从中取得最优方案。

(6) 借鉴设计法：也称移植设计法，从其他物件上引入某些设计因素，再加以创造(图2.16)。

(7) 幻想法：科学幻想是一种依靠把未来科学技术和创造性想象力糅合成一体来捕捉现实世界的另一条途径。因为科技在进步，新的能源开发、新材料、新工艺等的出现，就如芯片的发明给人类社会带来的巨变一样。

(8) 原型思维法：关键在于原型与所构思创作的问题之间有某些或显或隐的共同点或相似点。设计者在高速的创作思维运转中，看到或联想到某个原型，而得到一些对构思有用的特性，从而出现了“启发”(图2.17)。

图2.16　借鉴设计法

图2.17 原型思维法

2.5.3 表达手法

在现代景观小品设计中，许多设计师运用大量的设计手法，使景观小品拥有形象以外的深刻含义。合理地运用表达手法是设计者自我情绪的表达，自我意志的表达，也是设计者与观赏者沟通的桥梁，表达手法的多样化在景观小品中的运用，使景观环境更加富于情感、文脉和内涵。景观小品要素的表现与多样化的营造可以运用以下手法得以实现。

1. 隐喻

1)“象形”的隐喻手法

该手法指景观小品或者景观小品的局部在外部形态上或者某一组小品形成的空间上对某种具体或抽象事物的隐喻，对于“形”的选取不是简单的复制照搬，而是结合功能性对造型的审美再创造，分为具体的形似和抽象的神似。

2)“历史主义”的隐喻手法

该手法指运用历史的符号(包括传统装饰符号、地方文化符号、民俗符号等)来设计景观小品，对历史文化进行隐喻。在日渐单调乏味的现代景观丛林中寻找历史文化的脉络，唤起人们对历史文化的怀念和尊重。在“历史主义”的隐喻设计中，并非是将作品彻底地复古，而是将古典的历史元素和现代的景观元素糅合起来，创造一种古今结合、交融的景观小品形象(图2.18)。

3)“叙事性”的隐喻手法

该手法指通过围绕主题的一系列设置营造的空间氛围来达到景观小品对社会历史或

民间风俗的隐喻，是运用景观小品的叙事功能，通过对各种场景或情节的模拟，调动各种相关线索，引发必要的联想，形成序列景观来实现的。

2．提炼、概括

学习抽象表现主义的核心思想，从自然形态的本质着手，将其最具感染力的美感因素进行取舍和艺术归纳，并简化为单纯、明晰的形象语言，从而构成景观小品在造型、形式、审美等各方面最基本的元素，体现景观小品艺术的精致与生动。

3．夸张、变形

以美为原则，突出和强化景观小品最具表现力的某些造型特征，使景观小品更集中、更典型、更具有感人的艺术魅力。

4．现成品

可以把生活中的“常见之物”放在一个新的地方以新的角度观看它，它原来的作用消失了，被赋予了新的理念和遐想。

5．动态

艺术越静态化，就变得越遥远和抽象，也就越趋于无限和完美。相反，艺术形式越动态，相应的过程也就越真实和生动。如以动态的动物群组形象和涌泉为主的儿童娱乐设施，是现实生活的真实写照，时常引起人们特别是孩子们的浓厚兴趣。对此，“大地艺术”给予了人们很好的借鉴。

6．拼贴

波普艺术中各种拼贴绘画的手法丰富了景观小品的表达形式。可以将代表不同文化的景观小品塑造手法叠合运用，以此在对比中获得乐趣。可通过质感的变化，颜色的反差营造独特的文化氛围。

7．光影

光线作为生命之源，其所象征的光明和希望与抑制人感知、隐藏危险的黑暗形成鲜明的对比。无论是自然光还是人工光，甚至是由它们形成的阴影都促成世界的多彩变化。

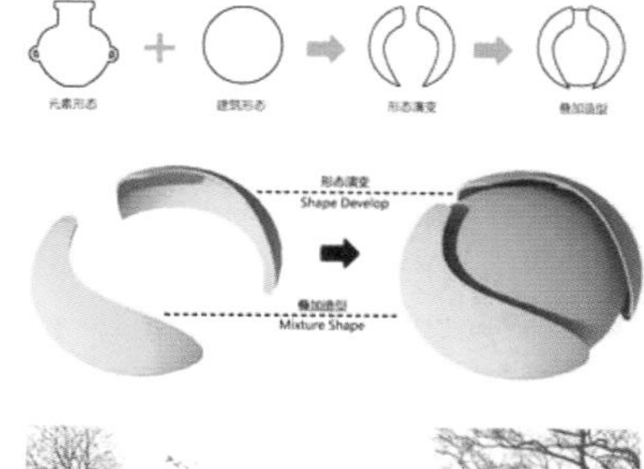

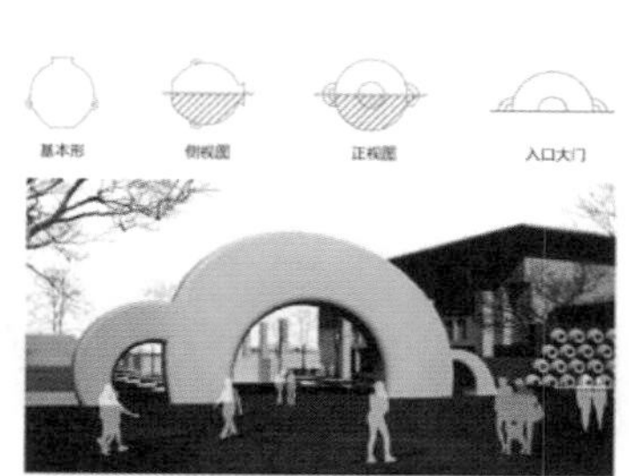

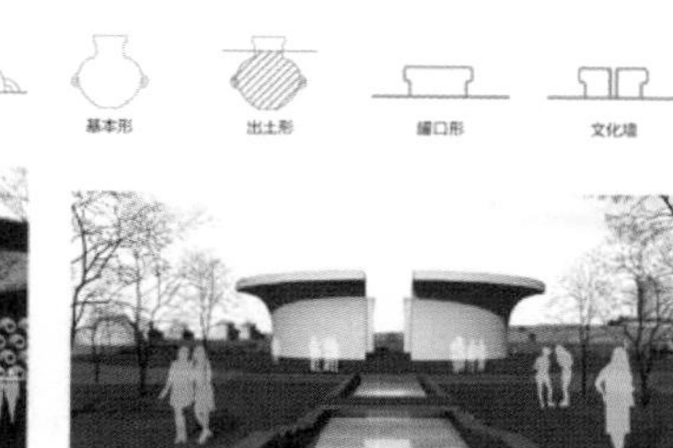

图2.18 “历史主义”的隐喻手法

2.6 设计基本流程

本节引言：

设计方法往往由许多步骤或阶段构成，这些步骤或阶段总称为设计流程。设计流程是设计方法的架构，是针对具体的问题而提出的步骤，而此步骤，必须是针对如何解决问题的方法的具体化。

景观小品设计的过程是将思维的虚体想象在现实生活中得以实现的过程，是将设计各要素相互衡量、组织的过程，在此过程中要解决各方面的矛盾，有着许多程序。因此，合适的设计流程是保证设计质量的前提，是景观小品设计得以成功实现的一个重要保证。景观小品设计的基本流程一般可分为设计立项阶段、方案设计阶段、扩初设计阶段、施工图设计阶段、设计实施阶段、设计评价与管理阶段六个阶段。

1．设计立项

在景观小品设计的立项阶段，首先要明确设计任务，了解并掌握各种有关景观小品设计的计划和目标。通过相关资料和条件的收集与调研，了解城市景观空间中人们的需求和特性，考虑他们的使用特点，并作设计综合分析，制定设计进度表。

1) 对现场环境进行调查

设计者到现场观察、体验，并对现场环境进行拍照、记录。包括对城市景观小品所处场地的地理环境、建筑环境、气候特点及温度、湿度等自然特点，并依靠工具，借助技术手段等资料信息，具体的对用地、人口、交通、环境结构、空间模式等进行全面的调查分析，从而得到具体的分析数据，进行切合实际的项目设计。

2) 对使用者进行调查

通过观察其行为特点、直接对话访问或以问卷调查的形式对城市公众进行调查，通过了解他们的生活方式、生活水平、社会交往习惯、社会网络状态、个人偏好等，逐步理清他们对于城市景观空间环境和城市景观小品的需求。

3) 对地区文化进行调研

通过对城市的地域文化、历史积淀、民族传统、经济和文化发展状况方面的考察，了解城市中的人在精神和文化上的追求。

4) 综合分析

将通过各种渠道收集来的信息和资料进行整理和分析，归纳出详细的有针对性的研究性信息，对信息进行归纳和比较，提出城市景观小品设计中主要解决的问题。再综合产品、环境、文化三大要素，针对所提出的问题组织和策划设计方案，提供设计的理论依据，找到解决问题的基本方向。

2．方案设计

从景观小品各要素细部分析入手，获得设计灵感，并形成设计意向，以进一步表达整体设计理念及主题。设计师在进行方案设计时，从立意的设想、构思的出现到最终方案的成熟，不断地在草图纸上修改、深入，培养良好的工作方式和工作习惯，由整体到局部、由粗到细、逐步深入，循序渐进地完成整个方案设计的造型工作。进行方案构思阶段的科学方法和程序分为四个阶段，如图2.19所示。

1) 草图畅想

方案草图的表现手段十分灵活、自由，画草图实质上就是在具体地进行景观小品方案设计。图纸上的每一根线条，都意味着一种念头、一种思路、一种工作方式和过程，是开拓思路的过程，也是一个图形化的思考和表达方式。在设计之初，利用草图将所有想法用图形的形式表现出来。不求表现得精致和完善，只需要将一些灵感念头记录下来。这是一个非常重要的步骤，许多精妙的创意产生于此，不仅有利于设计师自己与自己的交流，更有利于方案的逐步完善。

2) 方案推敲

铅笔在草图纸上自如地伴随着大脑一起对方案进行思考、推敲。在经过草图畅想阶段后，会得到许多设计创意。在方案推敲阶段应该通过比较、综合、提炼这些草图，更加理性地重新审视，以造型、功能、艺术性、可行性、经济性、独创性等为依据，找出一件或两件进行深入设计。

3) 延伸构思

随着思路的清晰或当形成方案的灵感迸发时，笔端便十分肯定地记录和表现了构思方案。针对已被选出的方案，分析其是否存在问题并进行完善，从功能性出发，寻找可以拓展的方面。

4) 方案深化

在深化的同时，确立设计对象的尺度关系、材料与材料之间质感对比关

图2.19　方案设计阶段

系、色彩对比关系等，解决城市景观小品安全性、美观性、舒适性、地域性和文化性等问题，将设计对象表达成效果图。方案深化其实是在经历不断的修改、不断完善化的过程。

3．扩初设计(图2.20)

扩初设计主要解决城市景观小品设计方案中相关材料、施工方法、结构等问题。将方案深化成系统的图纸，明确各细部的尺寸、连接关系，确定其材料、生产及安装方法，进一步完善设计方案。科学体现设计理念，结合实际情况，合理传达场所现象、精神。

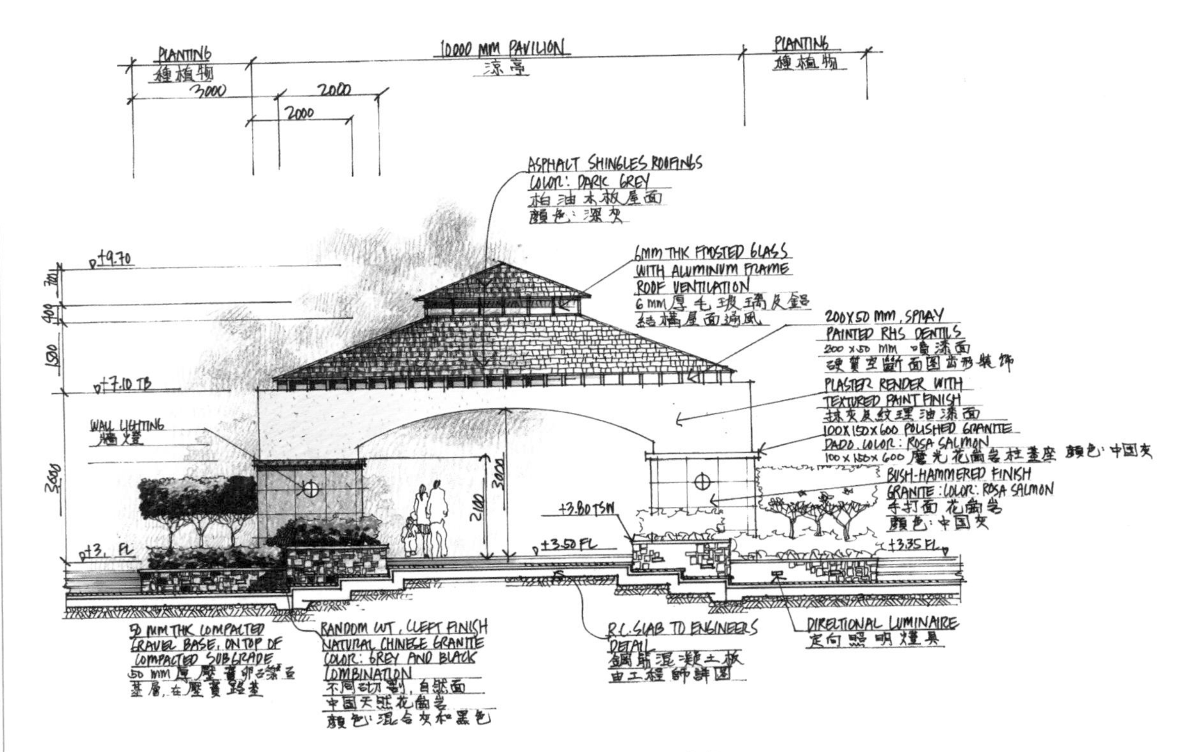

图2.20　扩初设计阶段

4．施工图设计(图2.21)

施工图表达虽然属于设计表达但也有其特殊性，主要通过平面图、立面图、剖面图、大样、节点详图等将对象具体化、形象化，解决各细部的实施以及相互配合问题，明确材料及施工工艺，使设计得以顺利实现。以施工图为语言，可以向施工方传达设计师的设计意图、施工工艺、工程材料、技术指标等内容。施工图设计需要规范制图，主要包括图幅、图纸比例、图框、图例、文字、标注样式、图线选择等内容，以保证施工人员能够读懂图纸，按图施工。

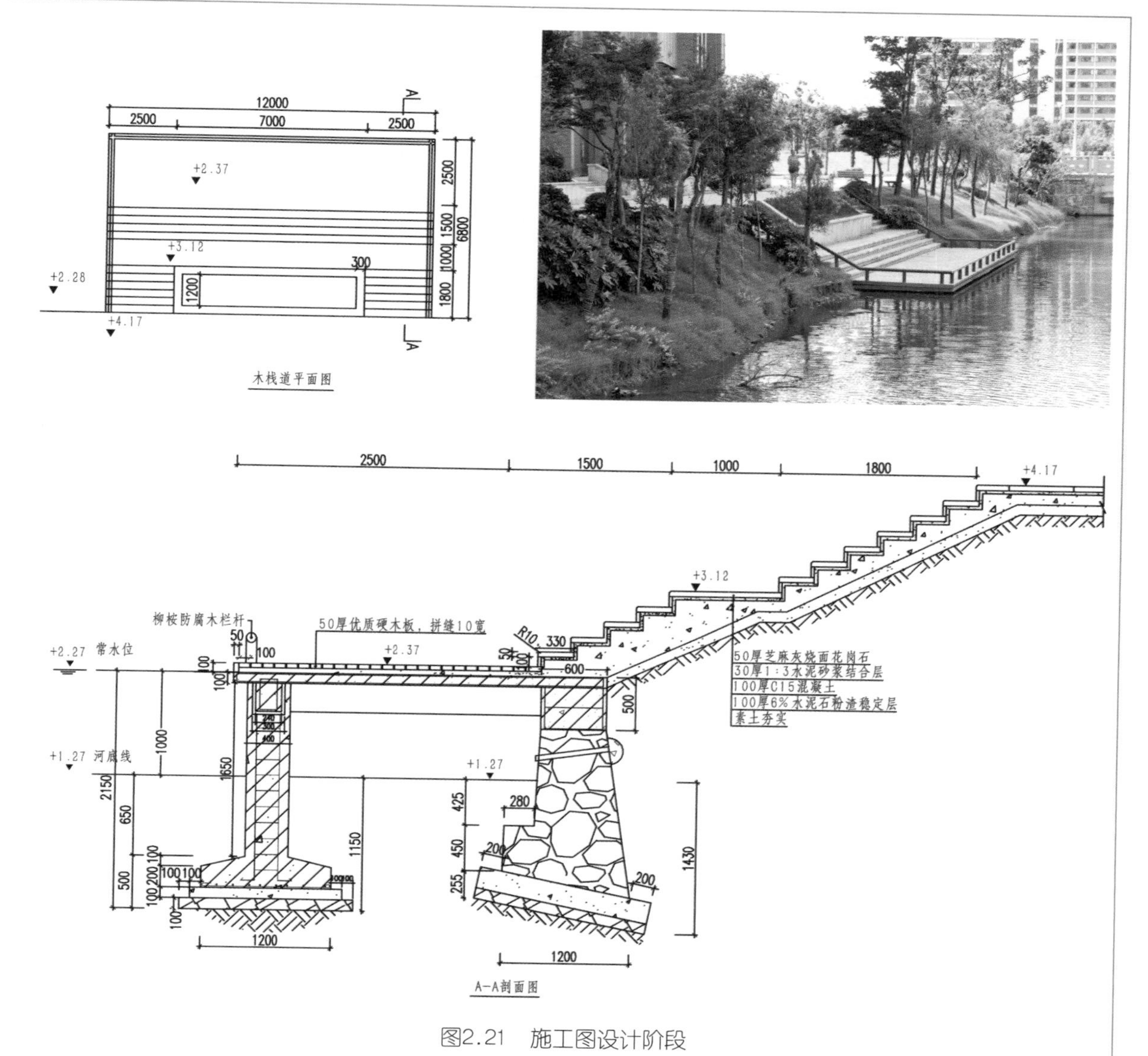

图2.21 施工图设计阶段

1) 图幅与图框

图幅是指绘图时采用的图纸幅面。也就是所用图纸的大小规格，即宽×长，一般分为A0、A1、A2、A3、A4几个规格。

图框是图纸上所供绘图范围的边线，所绘图不能超过这个界限，这样做的目的是为了合理使用图纸和便于管理装订。图框的标题栏是用来填写设计单位(设计人、校对人、审批人)的签名和日期、工程名称、图名、图纸编号等内容。会签栏是为各工种负责人签署专业、姓名、日期用的表格。最终出图时需要加盖设计单位图章。根据国家标准《技术制图》的若干规定，所有图纸的幅面及图框尺寸应符合表2-3的规定及如图2.22～图2.24所示的格式。

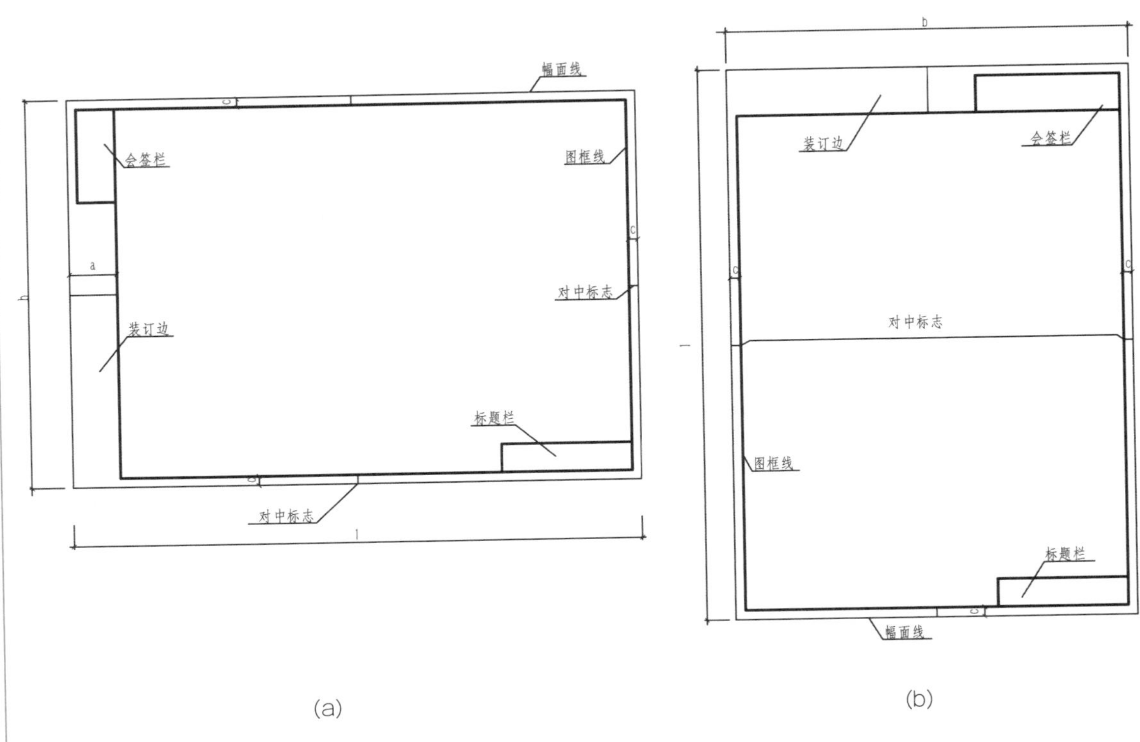

图2.22　图纸幅面规格

(a)横式；(b)竖式

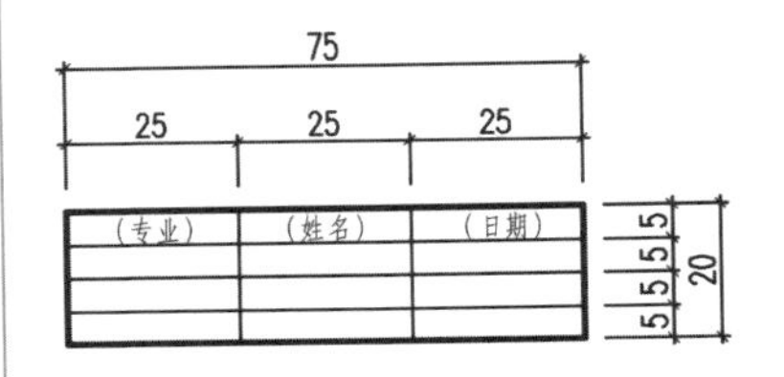

图2.23　图纸会签栏

设计单位名称	工程名称	图号区
签字区	图名区	

40(30.50)　180

图2.24　图纸标题栏

表2-3　图纸幅面尺寸代号

幅面代号	A0	A1	A2	A3	A4
c	10	10	10	5	5
a	25	25	25	25	25

2) 图纸比例

图样的比例，应为图形与实物相对应的线性尺寸之比。比例规定用阿拉伯数字表示，如1:20、1:50、1:100等。详图部分选用1:500以下的比例，大样图多选用1:10、1:20、1:50的比例。

3) 文字与标注

施工图中图样及说明中的汉字，宜采用长仿宋体，宽度与高度的关系应符合国家相关规范要求，包括尺寸标注和符号标注。

5. 设计实施

在城市景观小品的方案确定以后，就要直观展示设计效果，用实物的形式来实现。在实施的过程中，会遇到许多问题，包括现场景观空间环境与景观小品调整、材料工艺、成本概算、安装配套等，需要不断地与各方面的工作部门进行沟通。在坚持自己设计原则的基础上，对设计进行适当的调整，及时解决问题。

6. 设计评价与管理

设计施工结束以后，设计工作并不是全部结束了。还需要收集城市景观小品的使用情况、市民评价、经济效益等信息的反馈，总结设计工作中的经验和教训。此外，还要建立适宜的城市景观小品经营和维护管理机制，负责其维护和保养工作。后期的市场反馈、制定相关日常维护的注意事项，有利于设计品质的提高及日常管理。

本章思考题

■ 观察生活中的景观小品实例，结合各要素的特征进行分析。

■ 思考不同文化背景下景观小品造型设计的特点。

■ 根据相关作品，思考其造型语言特点、创新思维方法以及它们对设计观念的意义和启示。

■ 举例生活中的景观小品实例，转换思维，提供更多的设计构想。

作业练习

■ 在社会问题中寻找切入点或以生活中最普通和容易接受的事物作为景观小品创新点，通过方案设计四个步骤进行设计(如图所示)：(1)草图畅想 (2)方案推敲 (3)延伸构思 (4)方案深化。尺寸：在A3纸上绘制两组。

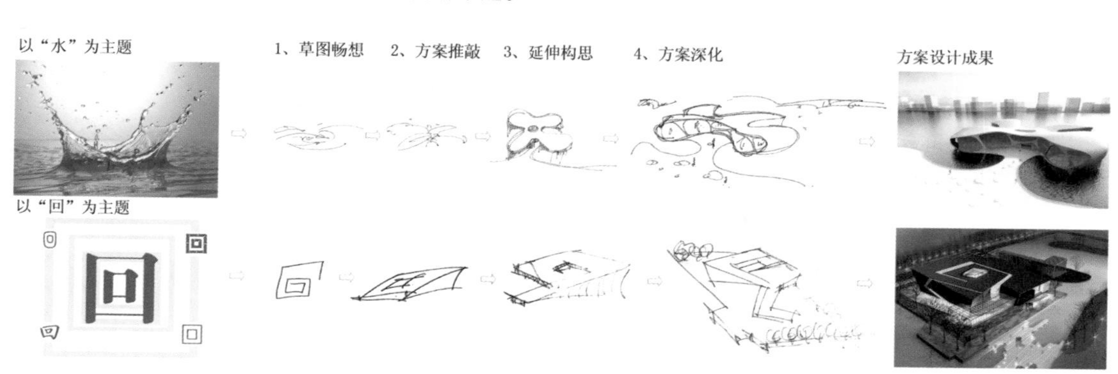

第3章 道路交通设计及实例

教学目标和要求

目标：通过本章学习，加强学生对各种铺装类型材料性能的认知，结合实践教学培养学生的表现力与实际运用能力。并能够合理地使用各种材料进行铺装设计和施工图绘制。

要求：掌握铺装、停车场的各种类型及特征，结合具体情境进行设计。通过复制铺装基本构造的训练，让学生能够快速而准确地掌握施工图画法。

本章要点

◆ 铺装设计的种类及应用。

◆ 不同种类铺装设计的构造与施工。

◆ 不同类型停车场的特征与设计要点。

◆ 停车场在景观设计中的具体做法。

本章引言

这里所讲的道路交通主要指城市景观中的道路、广场等各种铺装地坪，是在指明前进方向，提醒行人注意，完善和限制地面空间感受的基础上，为满足其他实用和美学功能所需而设置的，包括地面铺装、停车场等。

3.1 地面铺装

本节引言：

路面，无论人是步行、跑步或者骑车，都必须直接接触到，而且总会吸引人的视线、受到人的关注。因此，铺装是城市景观设计中最为常见、大量出现的构成要素。它可令地皮的表面稳定，具有防滑、耐磨、防尘、排水等性能，同时也具有较强的装饰性，可以丰富景色，烘托环境，引导方向。

3.1.1 概述

可以说在中国古典园林中，地面铺装已成为中国园林艺术的一部分，受到中外游客的喜爱与赞赏。我国的铺地设计历史悠久，从考古发现和出土文物来看，铺地的结构及图案纹样均丰富多彩、十分精美(图3.1)。如战国时期的米字纹、几何纹铺地砖，秦咸阳宫出土的太阳纹铺地砖，西汉遗址中的卵石路面，东汉的席纹铺地，唐代以莲纹为主的各种“宝相纹”铺地砖，晚唐时期的胡人引驼纹、胡人牵马纹等，反映了唐代不同民族的商旅们来往于丝绸之路繁荣的情景，西夏的火焰宝珠纹和明清时的雕砖卵石嵌花路。还有江南的花街铺地是以碎石、卵石、瓦条、碎瓷片等为材料的，地纹精美、做工讲究，已成为江南园林的地方特色之一。近年来随着旅游事业的发展，现代观念中新材料、新工艺对铺装设计的影响使其更富于时代感，使其简洁、明朗、色彩丰富。

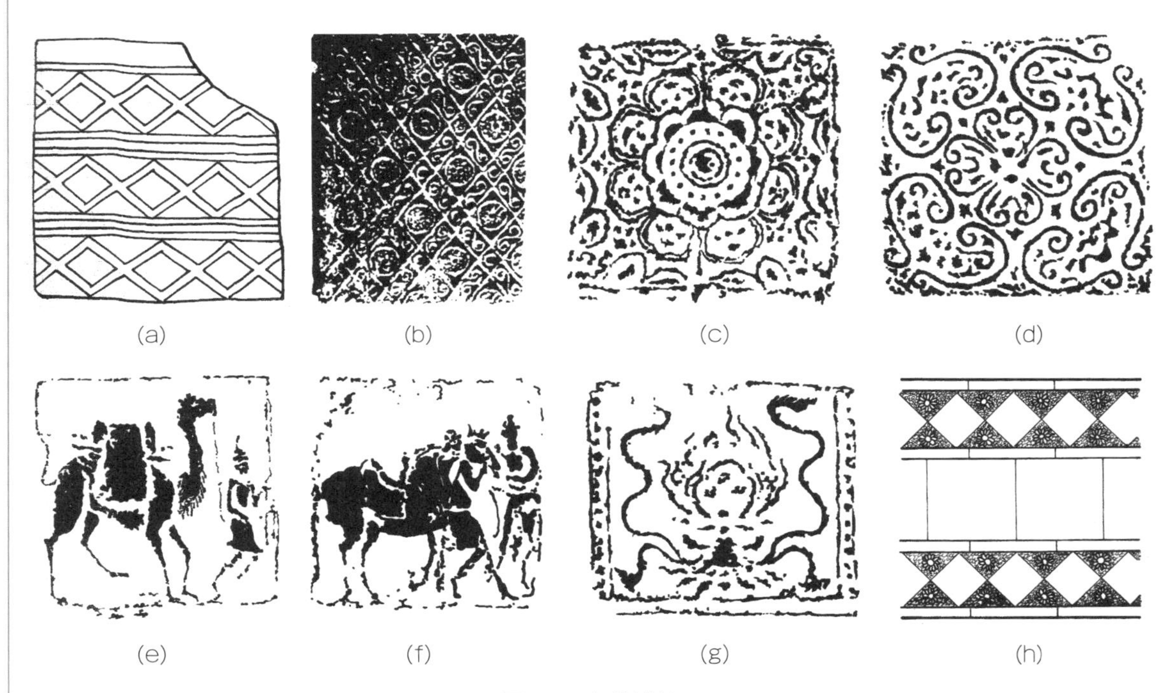

(a) (b) (c) (d)

(e) (f) (g) (h)

图3.1 古代铺装

(a)几何纹铺地砖；(b)太阳纹铺地砖；(c) 莲花纹地砖；(d)石榴纹；

(e)胡人引驼纹；(f)胡人牵马纹；(g)火焰宝珠纹；(h)雕砖卵石嵌花路

3.1.2 铺装的功能作用

1．引导方向

经过铺装的景观道路耐践踏、辗压和磨损，可满足各种运输要求。为游人提供舒适、安全、方便的交通条件，并联系不同景点，组织交通，为动态序列的展开指明前进的方向。

2．划分组织空间

在街道、广场等场所，铺装以其独特的色彩、材料、图案、尺度、质感、布局来标定自己的范围，以不同的地面外观效果来提示空间的变换(图3.2)。

3．提供休息场所

当铺装以相对较大、并且无方向性的形式出现时，它会暗示着一个静态停留感和休息地，用于景观中的交汇中心空间。

4．美化环境

铺装是城市的另一件外衣，不同质感、色彩、纹样、尺度的铺地设计是美化环境、活跃空间的重要方面。单一颜色的铺地很容易使人厌倦，不同颜色搭配成的有韵律、重复性的铺地图案则能活跃人们的心情。自然材料的运用会带给人们赏心悦目的视觉感受(图3.3)。

图3.2　划分组织空间

图3.3　美化环境

5．改善小气候

不同铺装材料对太阳辐射的吸收系数不同，混凝土类路面为65%，砖类路面为70%左右，沥青路面为81%，这一性质能改变小环境的温度。混凝土嵌草铺地较混凝土铺设路面，在距离地面10cm高处的温度低约2℃。

6．组织排水

可以借助其路缘或边沟组织排水。一般景观绿地都高于路面，方能实现以地形排水为主的原则。道路汇集两侧绿地径流之后，利用其纵向坡度即可按预定方向将雨水排除。

3.1.3 铺装的类型及特征

由于面层材料及其铺砌形式的不同，形成了不同类型的景观道路。不同类型的景观道路因其色彩、质感和纹样的不同，所适应的环境和场合亦不同。为了达到经济、合理和美观的目的，必须掌握其常见类型及相应特征，因地制宜、合理选用。各种铺装类型及特性见表3-1。

表3-1 各种铺装类型及特性

铺装类型	按面层材料分	优点	缺点	示例
混凝土	• 混凝土、水磨石路面 • 模压、混凝土预制砌块路面 • 水刷石路面 透水混凝土	• 铺筑容易 • 成形、施工简单，色彩样式丰富 • 表面耐久 • 全年使用和多种用途 • 使用期维护成本低 • 表面坚硬 • 有防滑性 • 可做成曲线形式	• 需要有接缝 • 难以使颜色一致及持久 • 浅颜色反射并能引起眩光 • 有些类型会受防冻盐腐蚀 • 张力强度相对较低且易碎 • 不易清扫	
沥青	• 不透水沥青 • 透水性沥青 • 彩色沥青	• 热辐射低且光反射弱 • 全年使用和多种用途 • 耐久 • 维护成本低 • 表面不吸尘、不吸水 • 弹性随混合比例而变化 • 可做成曲线形式	• 边缘如无支撑将易磨损 • 遇热变软 • 遇汽油、煤油和其他石油溶剂可溶解 • 如果水渗透到底层易受冻涨损害	
砖	• 釉面花砖路面 • 陶瓷砖路面 • 透水性花砖路面 • 黏土砖路面	• 防眩光 • 路面有防滑性 • 颜色和质地丰富 • 尺度适中 • 容易维修	• 铺筑成本高 • 不易清扫 • 冰冻天会发生碎裂 • 易受不均衡沉降的影响(基础平) • 会风化 • 撞击易碎	
天然石材	料石	• 坚硬密实 • 耐久 • 抗风化强 • 承重大	• 加工成本高 • 易受化学腐蚀 • 粗表面 • 不易清扫 • 光表面防滑性差	

(续表)

铺装类型	按面层材料分	优点	缺点	示例
天然石材	碎石、卵	• 有防滑性能 • 观赏性强	• 成本较高，不易清扫	
	级配砂石	• 经济型表面材料 • 无光反射 • 透水性强 • 质感自然 • 易维修	• 根据使用情况每隔几年要进行维修 • 可能会有杂草生长 • 需要加边条	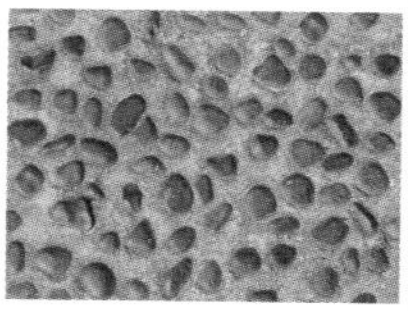
	花岗石	• 坚硬密实 • 在极易风化的条件下耐久 • 能承受重压 • 能够抛光成坚硬光洁表面，耐久且易于清洁	• 坚硬致密，难于切割 • 有些类型易受化学腐蚀 • 相对较贵	
	砂岩	• 切割容易 • 耐久	• 易受化学腐蚀(特别是在湿润气候和城市环境下)	
	页岩	• 耐久 • 风化慢 • 颜色丰富	• 相对较贵 • 湿时易滑	
	石板	• 如铺筑适当非常耐久 • 天然高质量风化材料	• 铺筑费用较高 • 看上去冷、硬或像方形石片 • 色彩和随机图案有时不美观 • 过度磨损或湿时易滑	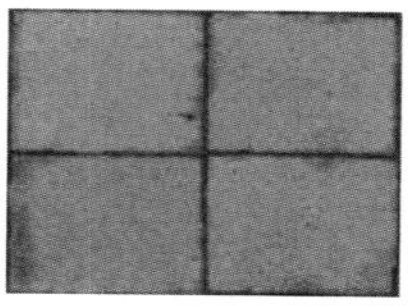
砂土	• 砂土 • 黏土	• 软性路面价格低 • 有透水性 • 无反射光 • 易维修	• 需要经常保养	
木材	• 木地板路面 • 木砖路面 • 木屑路面	• 步行舒适 • 透水性强 • 防滑	• 不耐腐蚀 • 需做防腐处理 • 大部分成本较高	
	环保塑木	• 木材质感 • 耐腐性强 • 可依需要成型	• 铺筑成本高	

(续表)

铺装类型	按面层材料分	优点	缺点	示例
合成材料	人工草砖	• 与草坪表面相似 • 雨后能更快使用而无积水 • 活动表面的场地平坦 • 可制作记号标志在里面 • 没有像天然草坪那样浇水和养护问题	• 容易造成运动员受伤(作为运动场地) • 会使球滚动更快弹性更高 • 会比天然草地铺筑成本高	
	弹性橡胶	• 具有良好的弹性 • 排水良好	• 成本较高 • 易受损坏 • 清理费时	
	合成树脂	• 行走舒适、安静 • 排水良好	• 需要定期修补 • 适于轻载	

3.1.4　铺装的设计要点

铺装设计的综合要求是：满足功能要求，有一定的观赏价值；具有装饰性；应有柔和色彩以减少反光；与地形、植物山石配合，注意与环境相协调。地面铺装的景观化设计要点如下。

1．活跃色彩变化

在较大的城市广场和街道，单一颜色的铺地很容易使人厌倦，不同颜色搭配有韵律、重复性的铺地图案能活跃人们的心情。铺地能以其安静、清洁、安定，或热烈、活泼、舒适，或粗糙、野趣、自然的风格感染人(图3.4)。

2．不同质感材料搭配

铺装材料质感的不同将影响人们的视觉感受和行为。因此，设计时要注意尽量发挥材料所固有的美，如花岗石的粗犷、鹅卵石的润滑、青石板的质朴等(图3.5)。

3．丰富铺装图案

铺装图案就像地面上的绘画，可以打破单调的铺地形式，丰富视觉效果。在面积较大的城市空间，铺装图案通常以简洁为主，强调统一的风格，材料一般不做过多的组合，以 1～2 种为宜。在使用两种材质进行铺装图案组合时，其质感、色彩应较为统一(图3.6)。

4．丰富光影效果

无论是灯光还是自然光均能使铺装具有变化的光影效果，给人以不同的艺术感受。

图3.4　活跃色彩变化

图3.5　不同质感材料搭配

图3.6　丰富铺装图案

5．无障碍设计

对残疾人应考虑可接近性、可到达性、可用性、安全性的不同需要，应设置人行步道中的盲道、坡道、缘石坡道等。排水沟篦子不得突出路面，并注意不得卡住轮椅的车轮和盲人的拐杖(图3.7)。

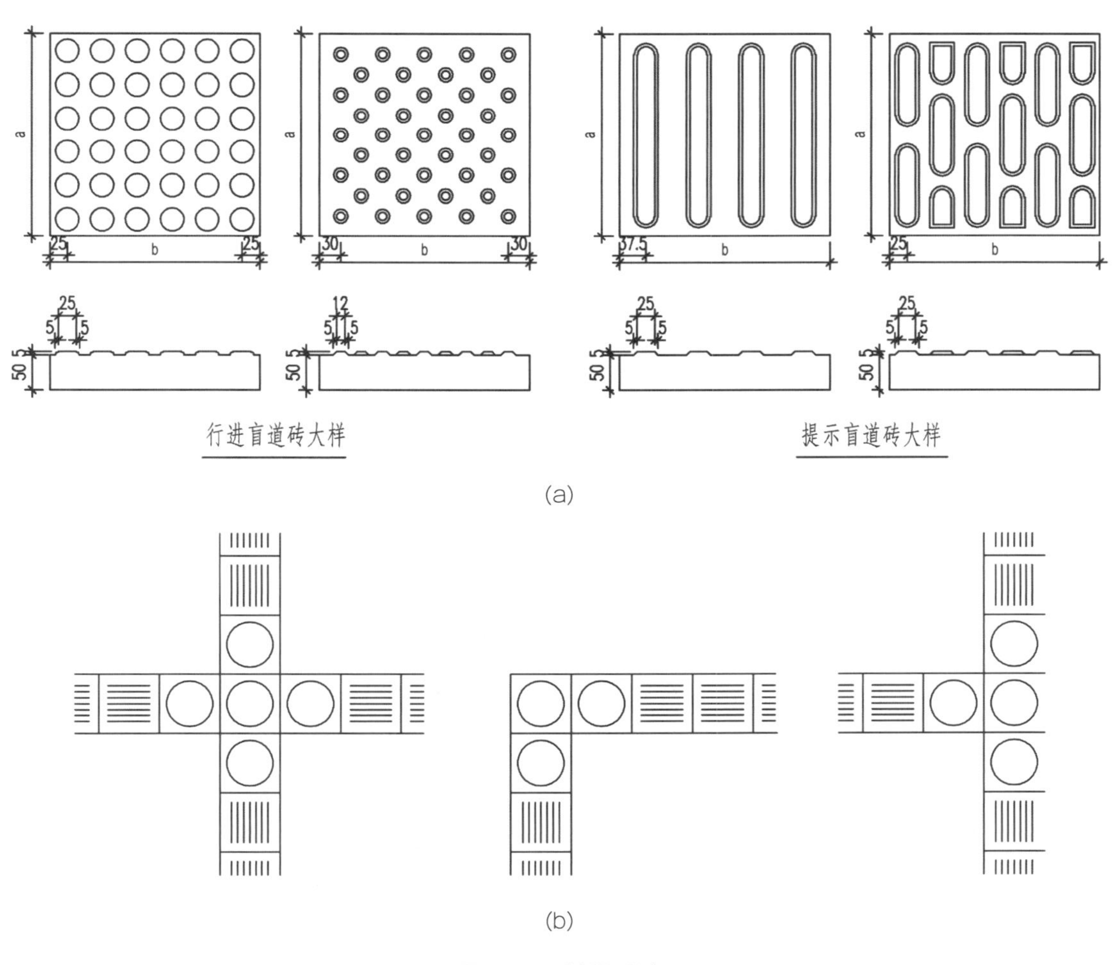

图3.7　无障碍设计

(a) 盲道类型及规格；(b) 交叉提示盲道

3.1.5 铺装的基本构造

1．景观道路的典型结构

景观道路一般由路面、路基和道牙(附属工程)三部分组成。其中路面又分为面层、结合层、基层和垫层，其典型的路面结构图式如图3.8所示。

(1) 路面各层的作用和设计要求：①面层：是路面最上面的一层，它直接承受人流、车辆和大气因素的作用及破坏性影响。面层要求坚固、平稳、耐磨损、反光小，具有一定的粗糙度和少尘性，便于清扫。②结合层：位于面层与基层之间，为了结合找平而设置的一层。结合层材料一般采用3～5cm厚粗砂、水泥砂浆或石灰砂浆。③基层：位于面层之下，土基之上，是路面结构中主要承重部分，可增加面层的抵抗能力。能承上启下，将荷载扩散、传递给路基。基层不直接受车辆和气候因素的作用，因此对材料的要求比面层低，通常采用碎(砾)石、灰土或各种工业废渣作为基层。④垫层：在路基排水不良或有冻胀、翻浆的路段上，为了排水、隔温、防冻的需要，用煤渣、石灰土等水稳定性好的材料作为垫层。在景观中也可用加强基层的办法，而不另设此层。

(2) 路基：即土基，是路面的基础，它不仅为路面提供一个平整的基面，还承受路面传来的荷载，是保证路面强度和稳定性的重要条件。对于一般黏土或砂性土开挖后经过夯实可直接作为路基。在严寒地区，严重的过湿冻胀上或湿软土，宜采用1：9或1：4灰土加固路基，其厚度一般为15cm。

(3) 道牙：也称侧石、路缘石，一般分两种形式，即立道牙和平道牙，其构造如图3.9所示。道牙安置在路面两侧，使路面与路肩在高程上起衔接、过渡、保护及路面排水作用。在景观中，道牙的材料有砖、石、瓦以及混凝土预制块等。

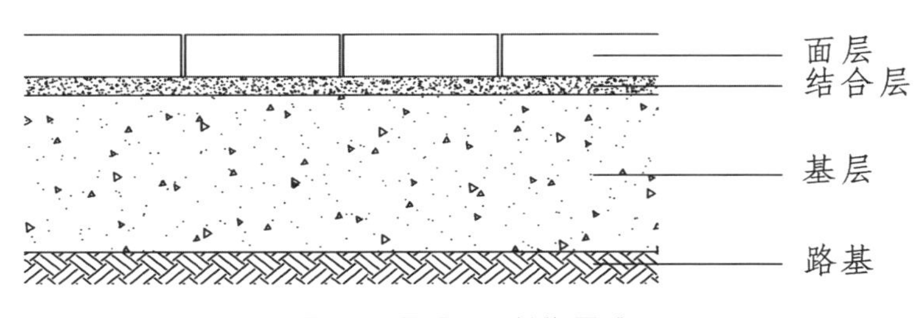

图3.8 景观路面结构图式

图3.9 道牙形式图式

道路路面与草坪之间或车行道与人行道之间的边界设有道牙，是为确保行人安全、交通诱导、保留水土、保护绿化等而设置的。景观中有些场合也可不设道牙，如作游步道的石板路，以表现自然情趣。此时，边缘石块可稍大些，以求稳固(图3.10、图3.11)。

图3.10　无道牙路面

图3.11　有道牙路面

2．景观道路结构设计的原则

景观道路建设投资较大，为节省资金，在景观道路结构设计时应尽量使用当地材料，并遵循薄面、强基、稳基土的设计原则。

路基强度是影响道路强度的主要因素。当路基不够坚实时，应考虑增加基层或垫层的厚度，可减少造价较高面层的厚度，以达到经济安全的目的。

总之，应充分考虑当地土壤、水文、气候条件，材料供应情况以及使用性质，满足经济、实用、美观的要求。

3．常用景观道路结构图

常用景观道路结构图如图3.12所示。

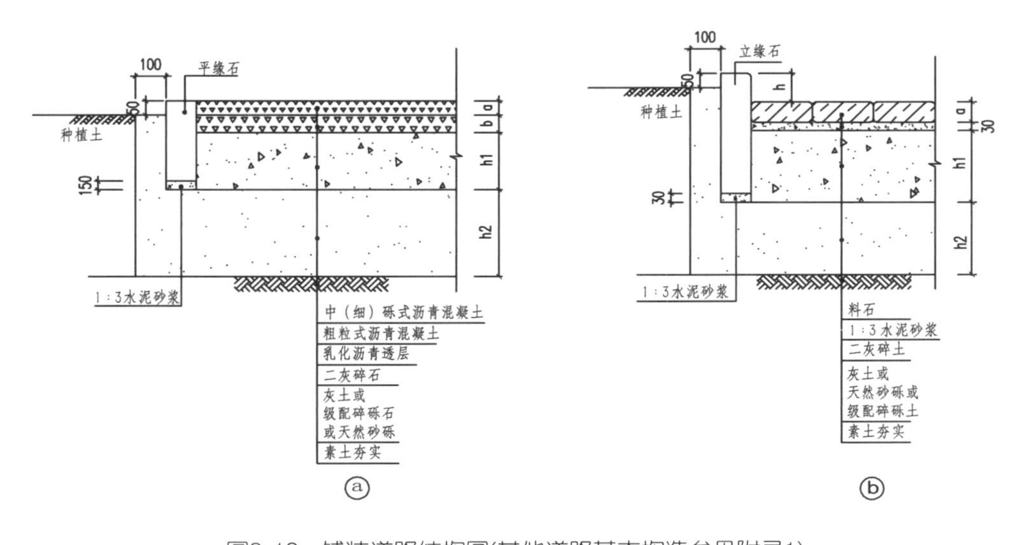

图3.12　铺装道路结构图(其他道路基本构造参见附录1)

3.1.6 铺装设计实例

铺装设计实例如图3.13和图3.14所示。

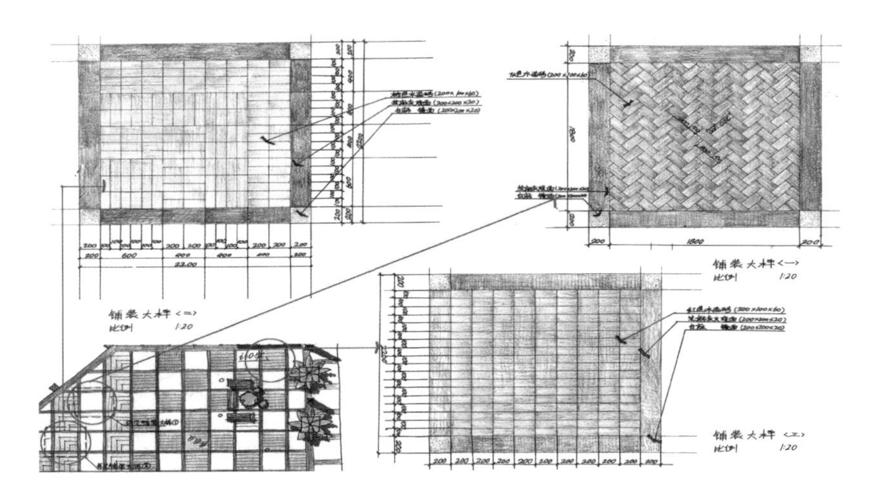

图3.13 铺装方案及扩初设计

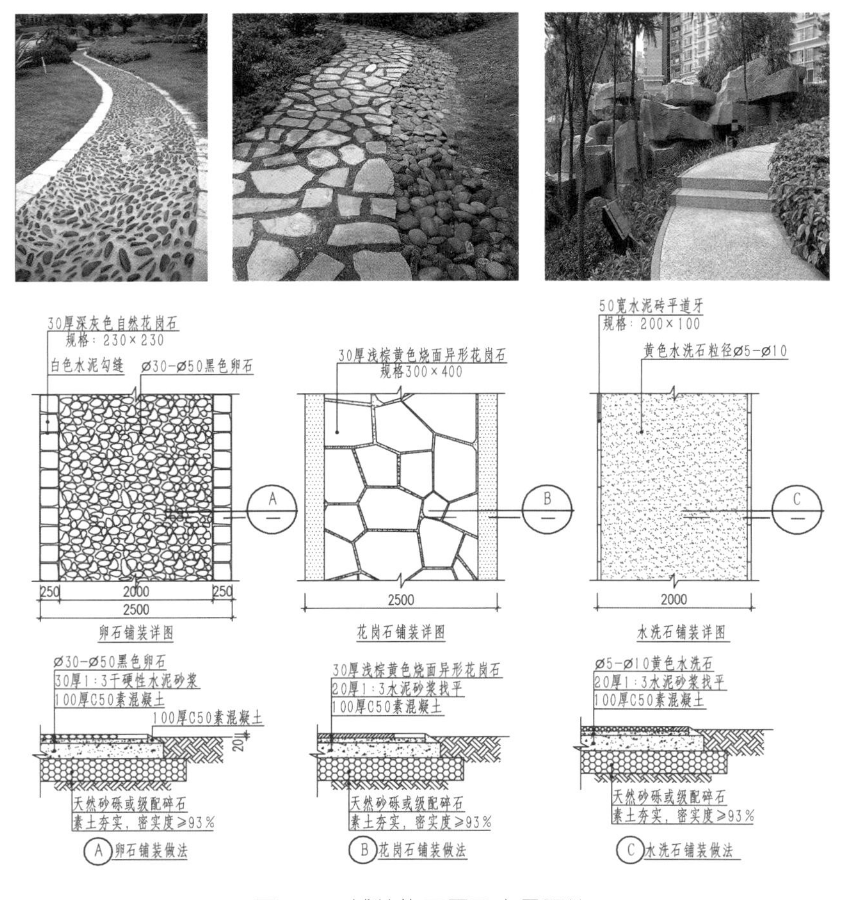

图3.14 铺装施工图及实景照片

3.1.7 铺装案例赏析

铺装案例赏析如图3.15~图3.25所示。

图3.15 彩色艺术装饰混凝土

图3.16 透水性混凝土

图3.17 花岗石铺装

图3.18 小料石铺装

图3.19 鹅卵石铺装

图3.20 水洗豆石铺装

图3.21 无障碍设计盲道

图3.22 木材与烧面花岗石铺装

图3.23 富有情趣图案的铺装

图3.24 富有几何图形的铺装

图3.25 富有变化的铺装组合

3.2 停车场

本节引言：

随着城市交通的不断发展，大量车流聚集于城市，造型各异，成为现代城市的活动景观。然而，汽车高速发展给城市造成了拥挤和停车的不便，停车方式对车辆停放量和用地面积都有影响。要有效地利用空间，让停放环境变得整齐、美观、有序，同时也方便停车者的管理和车辆安全。

3.2.1 停车场的类型、特征

1．机动车停放布置(图3.26)

(1) 平行式停车：停车方向与场地边线或道路中心线平行，采用这种停车占地面宽度小，适宜路边停车。

(2) 垂直式停车：所需停车面积最小，用地紧凑，最为常见，其车流行驶时，可以有两个方向，也可以只有一个方向。

(3) 倾斜式停车：包括30° 倾斜停放、45° 倾斜停放、60° 倾斜停放，一般要求车辆是通过式的，即必须要有两个出口，否则应设置车辆回车场，使汽车能够转向。车辆停放和驶离都很方便，适宜停车时间较短、车辆流动大的临时性停车。但占地面积较多，用地不经济，车辆停放数量少。

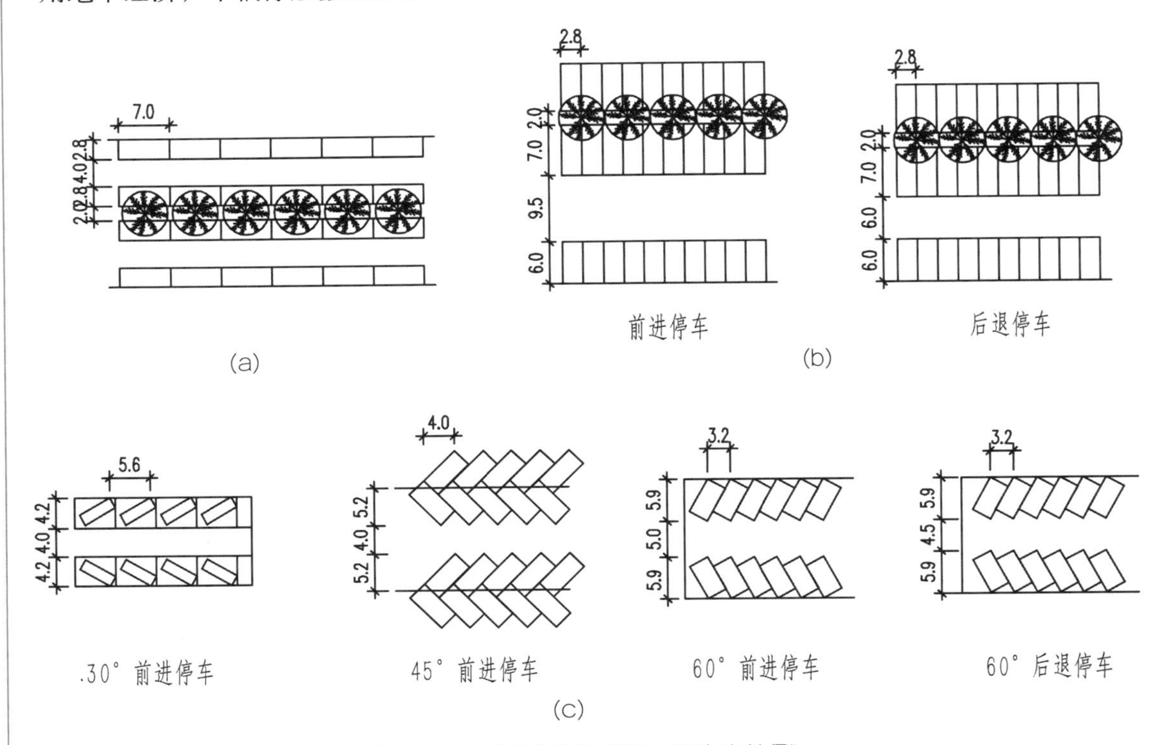

图3.26　车辆停放方式(以小型汽车为例)

(a) 平行式前进停车；(b) 垂直式；(c) 倾斜式

注：根据《城市道路设计规范》绘制

2．自行车停放布置(图3.27)

自行车的停放有普通的垂直式、倾斜式和利用自行车架提高停放场容纳能力的错位式和双层式，还有自行车运动中心里常见的钢丝悬挂停放方式。此外，对配带动力的自行车，可设置自走式停车场，以及类似立体停车楼的机械式停车场。

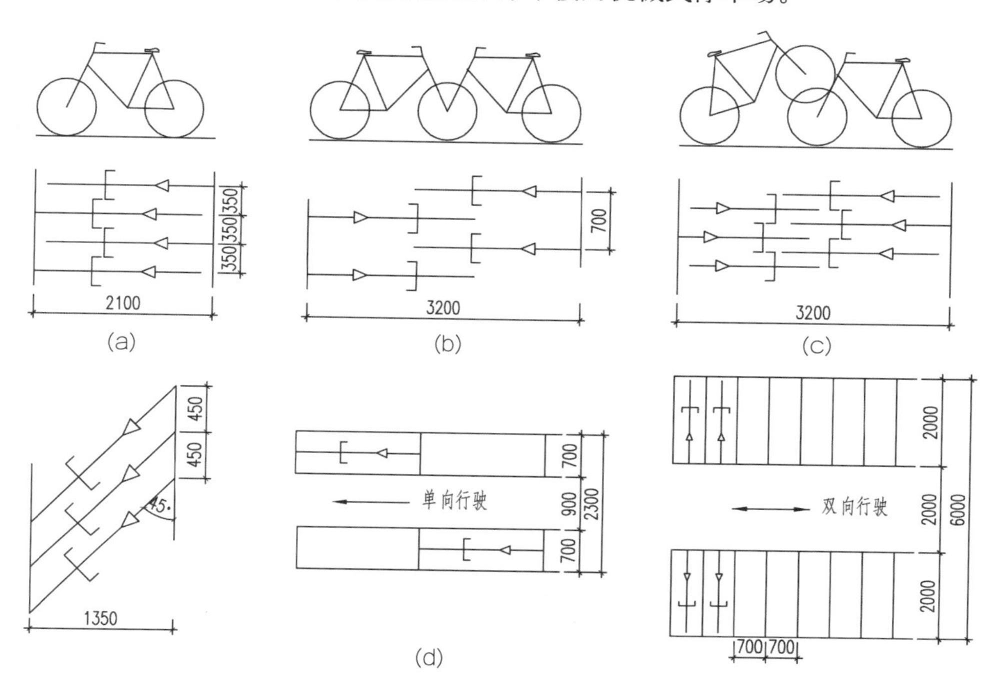

图3.27　自行车停放方式

(a) 单向排列；(b) 双向错位；(c) 高低错位；(d) 占地尺寸

注：根据《建筑设计资料集6》绘制

3.2.2　停车场的设计要点

1．机动车停放场

(1) 设计住宅用简易车棚，需加大车辆回转半径和前方道路宽度，以确保停发车安全。如果前方道路过窄，可将车棚入口展宽与车棚合二为一，来确保最基本的回转半径。

(2) 车挡的位置视车种而异，但一般情况下设置在距后轮1100mm的位置。应注意，若设置不当，将会导致车辆撞墙或跨出停车位。

(3) 为确保停车场旁绿化带内树木的生长发育及一定的绿化量，可将路缘石兼作车挡，其宽度可在4cm左右。同时，为避免场内绿化妨碍车辆的停放，可选种结缕草等地被植物。踏压严重的地方，应选择绿地砌块等植物保护材料。

(4) 在停车场内进行绿化植树，既可以美化环境，又可以形成庇荫，避免停放车辆内部温度过高。所设绿化带的宽度视所选栽植而定，可利用绿篱加以隔离围护。如是高大树林，绿带宽度应在1.5～2.0m以上。尽量避免选用易出树脂的松树及染井吉野樱树等树种，以免污染车体。另外，由于场内空气污染严重，同时也为便于管理及养护，可选用大紫蛱蝶、石斑木等灌木和黑德拉类地被植物来覆盖地面，这比种植结缕草等更为适宜。

(5) 绿化树木，照明设施等应被安排在距车位线1m以外的位置，以免妨碍车辆出入。

(6) 铺装面层，选用预制混凝土格嵌草铺装，可提高雨水的下渗。

(7)公共交通停车场的车位尺寸一般为长10～12m，宽度3.5～4m，如采用垂直停放，车道宽度应确保在12 m以上。

2. 自行车停放场

(1) 停放场中除车棚外，还应配备带防护罩的荧光灯照明、指示标志等。

(2) 停放场如与道路、人行道垂直布置，应尽量选择不显露自行车、有利于景观的停放方式。同时，在停放场的背、侧面设置挡板或围墙，以防淋雨并美化景观。

(3) 停放场车棚的高度以成人可以自由进出为准，一般为1.8m。

(4) 停车场地面最好选择不易受热变形的路面材料，如混凝土等。

(5) 作雨水排除设计时，既要考虑地面，又要兼顾顶棚(车棚)。可在地面铺设碎石，使顶棚上排放下来的雨水直接渗入地下。

(6) 为了方便停车场清理车辆，养护场地以及改善停车场的景观停放均应配置自行车架，有带轮槽的预制混凝土台架，有卡放车轮的钢管车架等(图3.28、图3.29)。

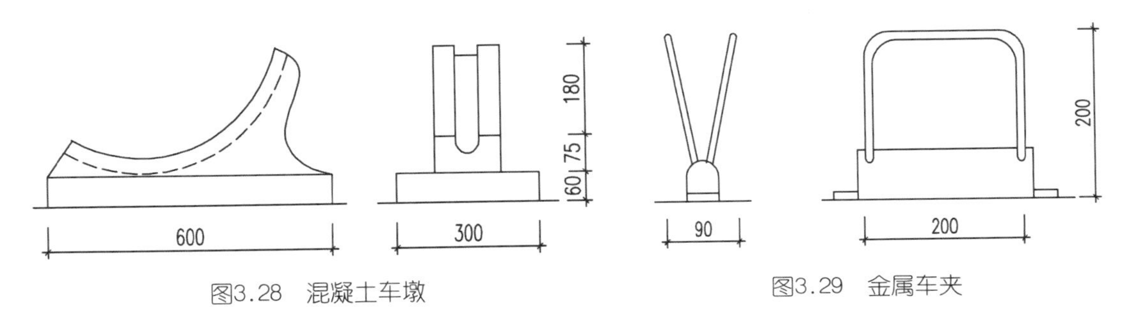

图3.28 混凝土车墩

图3.29 金属车夹

3.2.3 停车场的其他要素

1. 最小平曲线半径的确定

通行机动车辆的最小平曲线半径由车辆全长、全宽、轴距决定。为满足通行的需求，在景观道路的交叉口或转弯处要考虑适宜的平曲线半径。此外，在设计停车场规模和旋转式车辆传送装置的大小时，还应参考车辆内轮差、外轮差、车体角度等因素。以下为各种车型的最小平曲线半径(见表3-2)。

表3-2 停车场通道的最小平曲线半径(注：根据《停车场规划设计规范》(试行))

车辆类型	最小平曲线半径/m	车辆类型	最小平曲线半径/m
微型汽车	7.00	大型汽车	13.00
小型汽车	7.00	铰接车	13.00
中型汽车	10.50		

2．回车场(图3.30)

当道路为尽端式时，为方便汽车进退、转弯和掉头，需要在该道路的端头或接近端头处设置回车场地。回车场的用地面积一般不小于12m × 12m，回车路线和回车方式不同，其回车场的最小用地面积也会有差别。

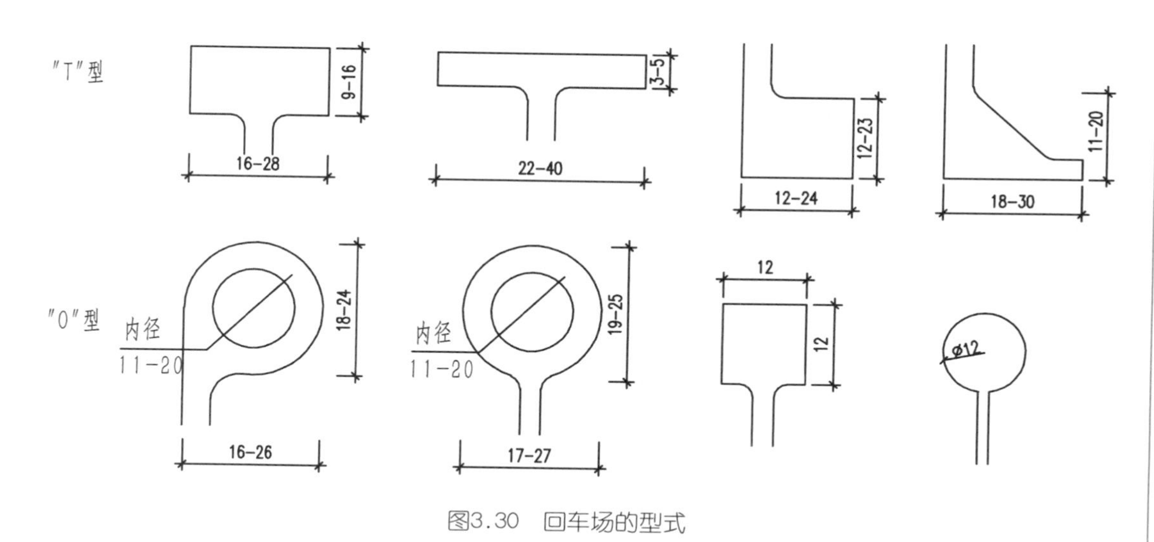

图3.30　回车场的型式

注：根据《全国民用建筑工程设计技术措施 规划.建筑 2003》绘制

3．残疾人车位(图3.31)

距景点入口及车库最近的停车位置，应划为残疾人专用停车车位。其地面应平整、坚固和不积水，地面坡度不应大于1:50。在停车车位的一侧，应设宽度不小于1.20m的轮椅通道，应使乘轮椅者从轮椅通道直接进入人行通道到达景点入口。停车车位一侧的轮椅通道与人行通道地面有高差时，应设宽1.00m的轮椅坡道。停车位地面应涂有停车线、轮椅通道线和无障碍标志，在停车车位的尽端宜设无障碍标志牌。

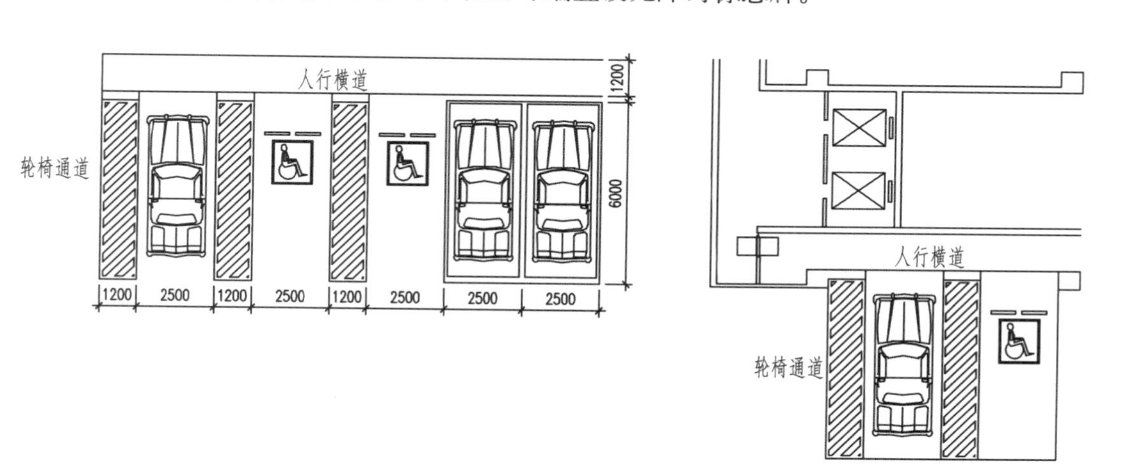

图3.31　残疾人停车车位及轮椅通道

注：根据《城市道路和建筑物无障碍设计规范》绘制

3.2.4 停车场设计实例

停车场设计实例如图3.32所示。

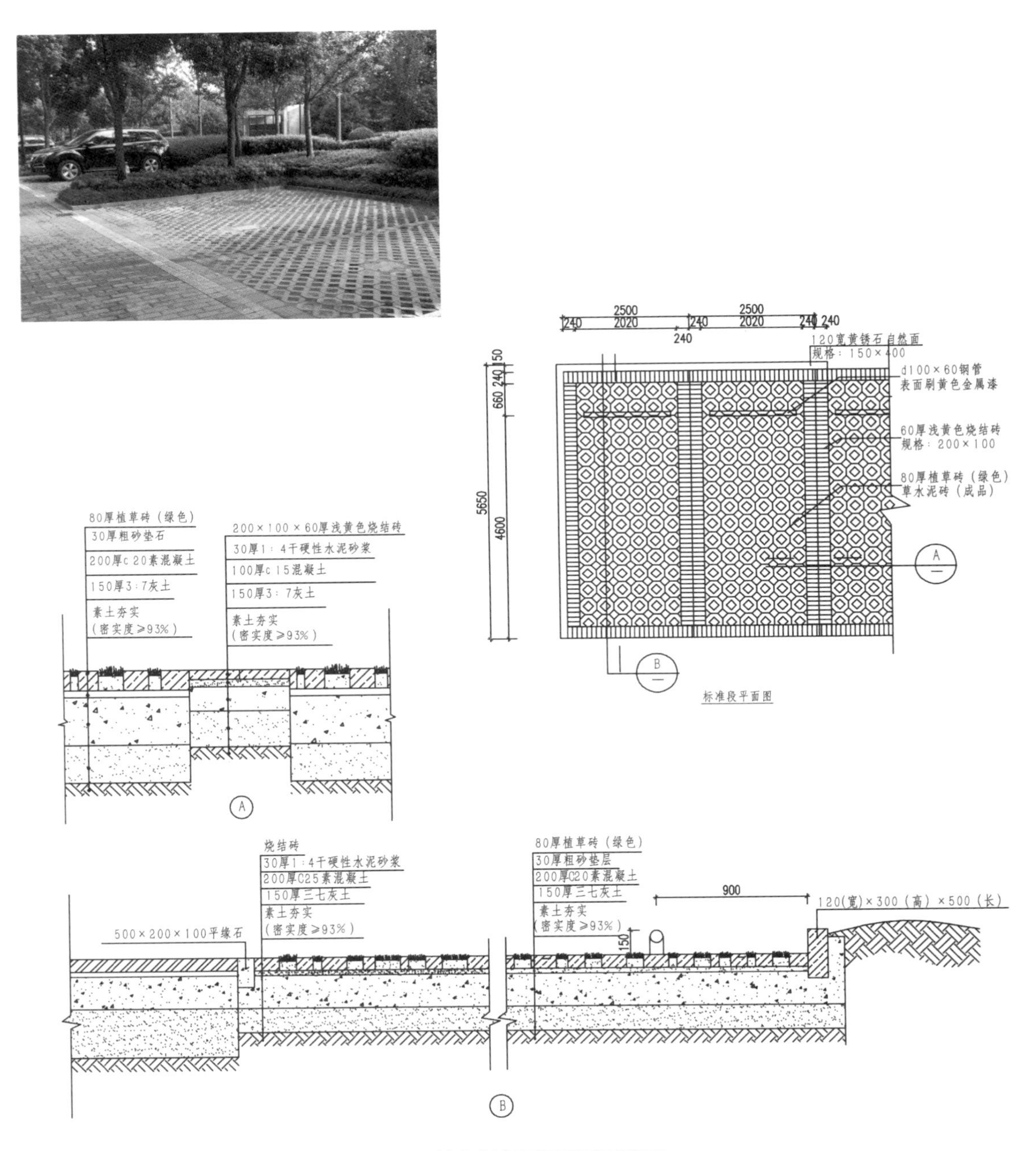

图3.32 停车场施工图及实景照片

3.2.5 停车场案例赏析

停车场案例赏析如图3.33~图3.39所示。

图3.33 带有路面标识的停车场

图3.34 个性化停车场

图3.35 生态停车场

图3.36 停车场地坪

图3.37 混凝土车挡

图3.38 喷砂钢板异型车挡

图3.39 简洁型车挡

本章思考题

■ 铺装在景观设计中的作用。

■ 铺装设计在不同场所的设计与运用。

■ 观察生活中的铺装如何设计，并进行归纳、整理。

■ 铺装设计的组成部分有哪些?

■ 停车场在景观设计中如何应用?

作业练习

■ 完成六种不同材质的铺装设计初步方案，绘制平面图、大样草图。

■ 从以上方案中任选三种完成铺装设计施工图，在A3纸上绘制详细的铺装大样图、构造图（比例1：10、1：20）。

第4章 构筑物小品设计及实例

教学目标和要求

目标：通过本章学习，使学生了解各种构筑物在现代景观中应用的多样性，根据场所进行设计。

要求：掌握各种构筑物的类型及特征，表达不同空间的景观主题，造型要独特，要结合地域特点，富有文化内涵。通过学习其基本构造的训练，让学生掌握基本的施工图画法。

本章要点

◆ 各种构筑物的功能作用。

◆ 不同构筑物的分类及设计要点。

◆ 构筑物在景观设计中的具体方法。

本章引言

构筑物类主要包括墙体、亭子、廊架、景桥等。这类景观小品以小型建筑物和构筑物为主，具有一定的可使用内部空间，但其面积和体量以及功能作用完全脱离于建筑本身，更注重艺术性和场所感，协调于周围的景观环境，为游人提供游览休憩场所的小品。

4.1 墙

本节引言：

墙是应用于城市景观中的一种构筑形式，在景观中构成坚硬的建筑垂直面，并且有许多作用和视觉功能，也可独立成景，并与大门出入口、绿植、灯具、水体等自然环境融成一体。中国古典园林中墙体既分隔空间，又围合空间，可分隔大空间，化大为小，又可将小空间串通迂回，小中见大，层次深邃；它的通透、遮障形成变化丰富、层次分明的景观空间。

4.1.1 墙体的功能作用

1．制约与分隔空间

可以在垂直面上制约和封闭空间，结合植物软硬搭配。能将相邻空间彼此隔离开，使不同用途的空间在彼此不干扰的情况下并存在一起(图4.1)。

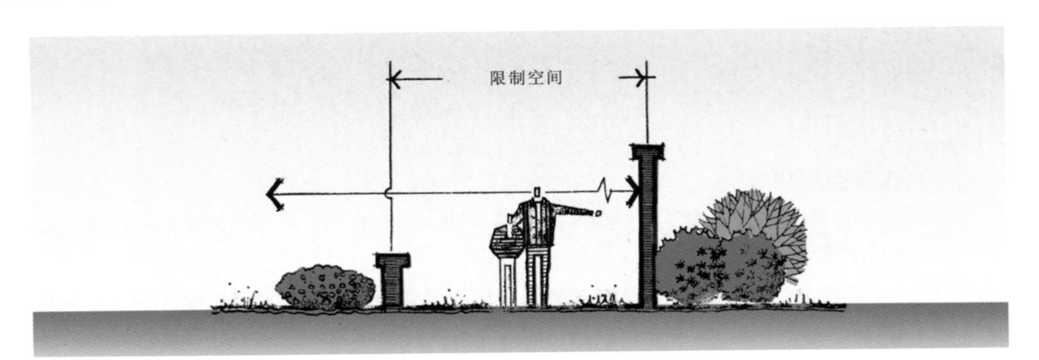

图4.1　高墙完全封闭空间，而矮墙只是半封闭空间形成室外空间

2．装饰、美化环境

独立的墙体在景观中具有一系列视觉作用，可以衬托景物，营造视觉趣味。材料或光线的明暗相互作用，也可以构成不同的图案。

3．屏障视线

墙体的造景作用不仅以其优美的造型来表现，更重要的是以其在景观空间中构成和组合中体现出来，限制空间的墙体能对出入于空间的视线产生影响。用部分遮挡来逗引观赏者，还可通过墙体透空，对视线起到部分屏障的作用，造成虚实变化(图4.2)。

图4.2　漏花墙和栅栏，通过对景物的藏或漏创造观赏情趣

4．调节气候

独立的墙体在景观中，最大限度地削弱阳光和风所带来的影响，可以起到防风、遮荫的双重作用。

5．休息座椅

低矮独立式墙体在充当其他功能角色的同时，也可作为供人休息的座椅。在使用频繁的空间中，不宜让许多长凳堆放在环境中，低矮墙体正好能解决这一矛盾。

4.1.2 不同墙体的特征及设计要点

1．挡土墙

挡土墙的主要功能是在较高地面与较低地面之间充当泥土阻挡物。挡土墙比位于两个水平高度地面间的缓坡更节省占地，同时还可以控制地表水的排放(图4.3、图4.4)。

(1) 在墙体上一定间隔距离，应设计有排水孔，以便使内部的渗流能流出墙体，不会造成对墙体的损害。

(2) 挡土墙作为制约和空间的边界，可为其他景观小品充当背景，充当建筑物与周围环境的连接体，以及自身设计应具有吸引力。

(3) 挡土墙作为休息之用，其高度应为40～50cm，坐面宽为30.5cm。

(4) 如果混凝土预制块挡土墙的墙面较大，可利用模板工序，将墙体加工成砌块砌筑或设计出图案效果。

(5) 修筑毛石和条石砌筑的挡土墙要注重砌缝的交错排列方式和宽度，一般选用直径在20cm以上的石料。

图4.3 阶梯式挡土墙

图4.4 石笼挡工艺土墙

2．围墙与围栏

围墙与栅栏作为屏障有助于界定围合空间、遮挡场地外的负面特征(如风、噪声、不好的景观)，并提高安全感和私密感，根据不同的用途设置也不同(图4. 5～图4.7)。

1) 围墙

景观中围墙作为维护构筑，其主要功能是防卫、保安、分界与限入，同时具有装饰环境的作用。立面构造多为栅状和网状、透空和半透空等几种形式，高度一般在1.8m以上。

2) 栏杆

栏杆在阶梯、水边、路边、园亭、绿廊中设置，具有装饰、区别、防护、依托的特点，一般防护栏杆高度约0.6～0.9m，必要时可至1.1～1. 2m，以能扶手为适宜。

3) 篱栅

篱栅在边境、路旁设置，具有装饰、防护、保安、隔离、诱导的特点。限制人员进出，高度为1.8～2.0m；限制车辆进出，高度0. 5～0. 7m；隔离植物，高度为0.4m左右。

4) 花栅

花栅用以花坛、草地边境，具有保护、装饰花坛或草地边装饰的特点，高度为0.5～0.6m，以美观为主。

图4.5　城市公园围墙

图4.6　居住区围墙

图4.7　水边栏杆

3．景墙

景墙的主要功能是造景，以其精巧的造型点缀在景观之中。有隔断与划分组织空间的特点，也有围合、标识、衬景的功能，能组织景观、安排导游而布置的围墙，高度一般控制在2.0m以下(图4.8～图4.10)。

图4.8　点景功能的景墙

图4.9　导向功能的景墙

图4.10　分隔空间的景墙

4.1.3　墙体的基本构造

1．挡土墙(图4.11)

挡土墙用在土壤坡度超过自然安息角(通常为30°～37°)的高差突然变化处。通常情况下，墙体3°～6° 内倾，结构的选择和设计需要根据用途和场地的土壤和气候特点来决定。墙体必须设置排水孔，一般可沿墙壁的底部每1.8～2.4m设置一个直径为75mm的硬聚氯乙烯管口，同时，墙体内宜敷设合成树脂集水垫和渗水管，防止墙体内存水。钢筋混凝土挡土墙必须设伸缩缝，无钢筋混凝土墙体的设置间隔10m，钢筋混凝土墙体的设置间隔为30m。同时，为防止有筋墙体出现裂缝，应每隔10m设置一条V形缝。

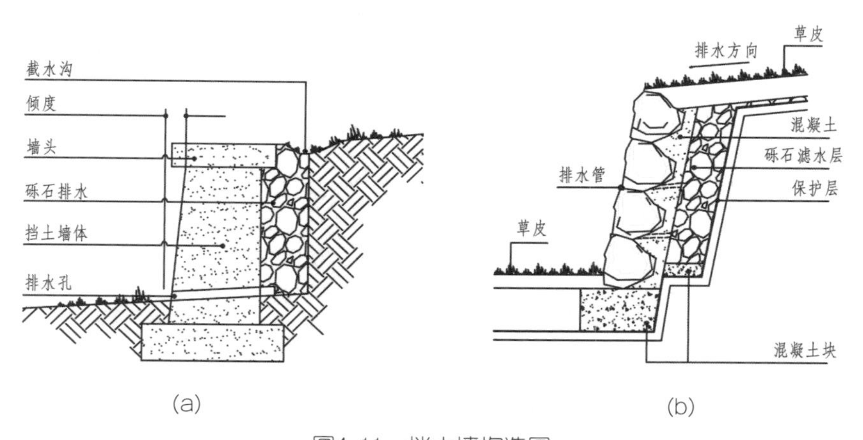

图4.11　挡土墙构造图

(a) 预制混凝土块；(b) 天然石砌

2．围墙与景墙(图4.12)

围墙与景墙的设置，应充分考虑其坚固与安全的要求，考虑风压、雨水等对墙体的破坏作用。墙体虽不高，但若坍塌，也可伤人致残，故不可轻视。尤其是孤立单片的直墙，如一道200mm厚的墙，最大高度限制在1200mm，高墙要适当增加其厚度，加固柱墩等。设置曲折连续的墙体，可增加其稳定性，墙体的连续基座一般为现浇钢筋混凝土结构，墙体在此基座上建造。许多规范要求非承重墙的基座两侧至少比承重墙宽出150mm。总的来说，基座厚度不小于250mm、宽度不小于400mm，根据场地情况需要铺设两条连续钢筋。栅栏设计如采用铁制、钢制、木制、铝合金制、竹制等，栅栏竖杆间距不应大于110mm。

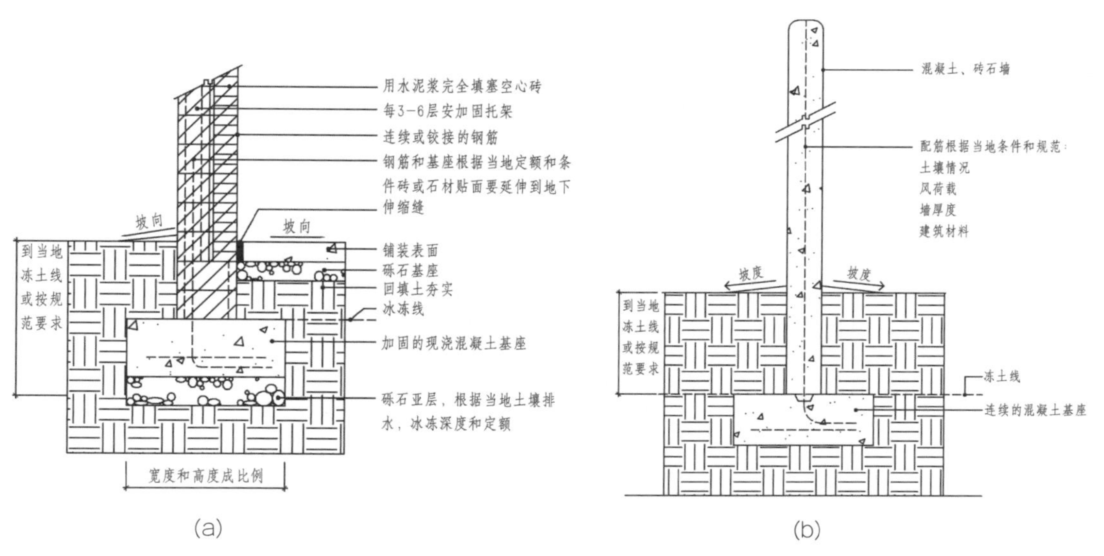

图4.12　墙体构造图

(a) 加固独立石墙；(b) 连续基座构造

4.1.4 墙体的设计实例

墙体的设计实例如图4.13~图4.15所示。

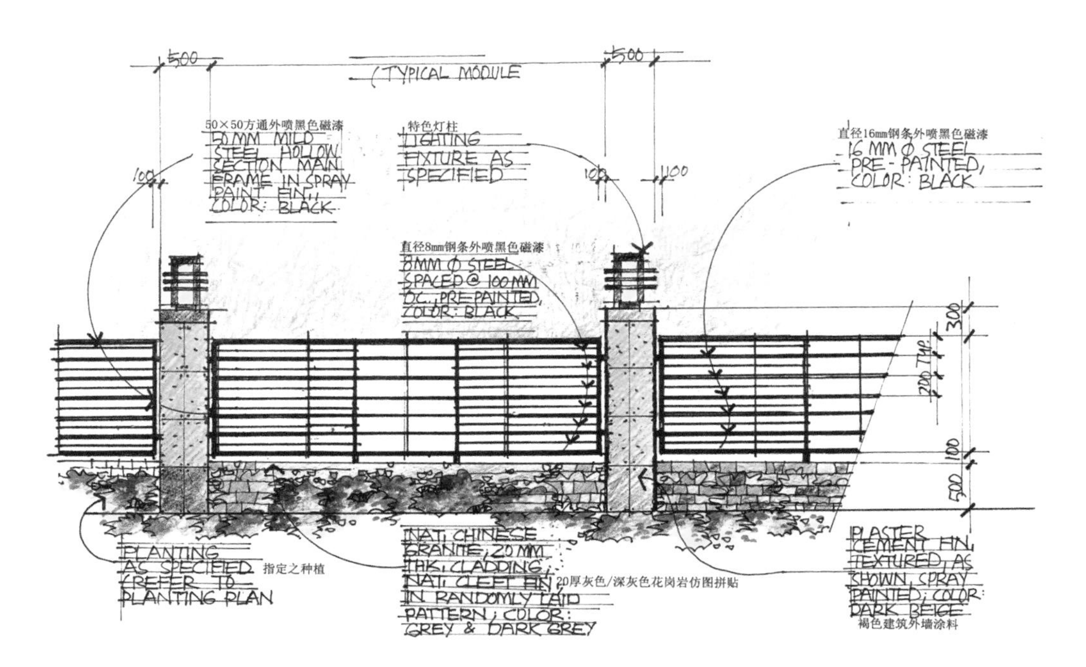

图4.13　围墙标准段立面图

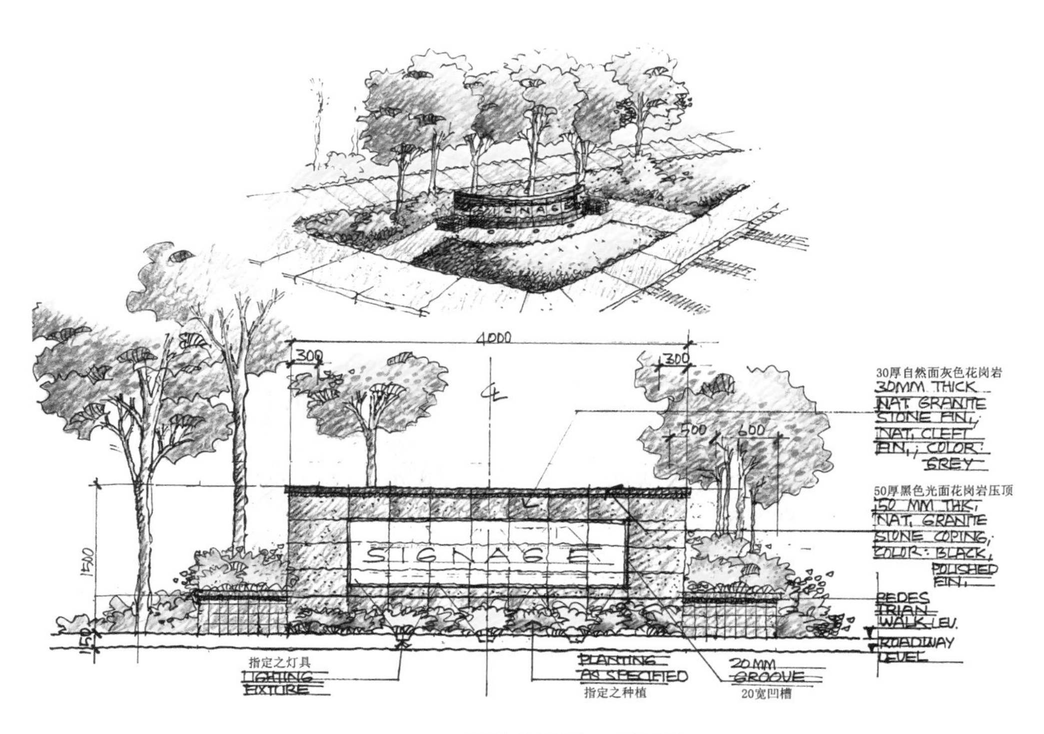

图4.14　景墙效果图、立面图

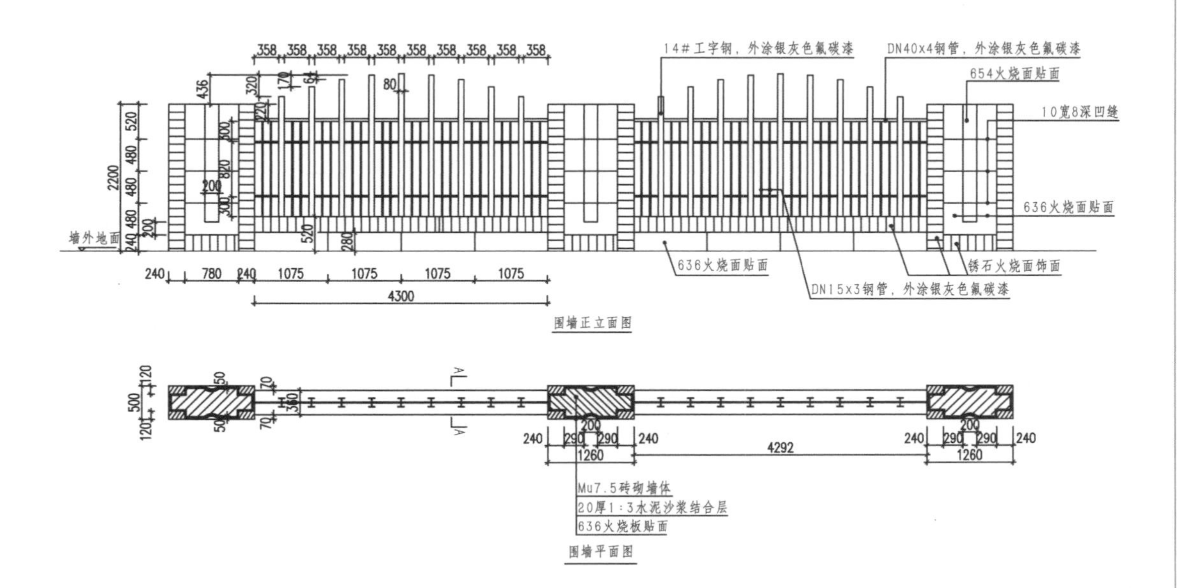

图4.15 围墙施工图及实景照片

4.1.5 墙体案例赏析

墙体案例赏析如图4.16～图4.24所示。

图4.16 折痕平板墙壁

图4.17 挡土墙(一)

图4.18 挡土墙(二)

图4.19 挡土墙(三)

图4.20 景墙(一)

图4.21 景墙(二)

图4.22 景墙(三)

图4.23 铁艺与水泥结合护栏

图4.24 木质小护栏

4.2 亭

本节引言：

汉代许慎在《说文解字》中就提到："亭，停也，人所停集也。"它们不仅具有自身的艺术价值，还可与其他环境要素共同组成一定的供人们聚集的空间，创造环境价值。

4.2.1 亭的功能作用

(1) 在城市景观中可作为游人休息、防日晒、避雨淋、消暑纳凉之所。

(2) 既是景观的组成部分，又可畅览景色，是景观中休息揽胜的好地方。

(3) 具有装点作用的小型建筑，满足景观游赏的要求，能形成独特的景观，常起着画龙点睛的作用，亭子的建立既独立成章、一枝独秀，又与周围景观融为一体。

4.2.2 亭的基本类型

亭子的造型各异，平面之分有正多边形、不等边形、曲边形、半亭、双亭、组合亭及不规则形，如图4.25所示。不同造型亭子的形式、尺寸、色彩、题材等应与所设计的景观整体风格相协调。

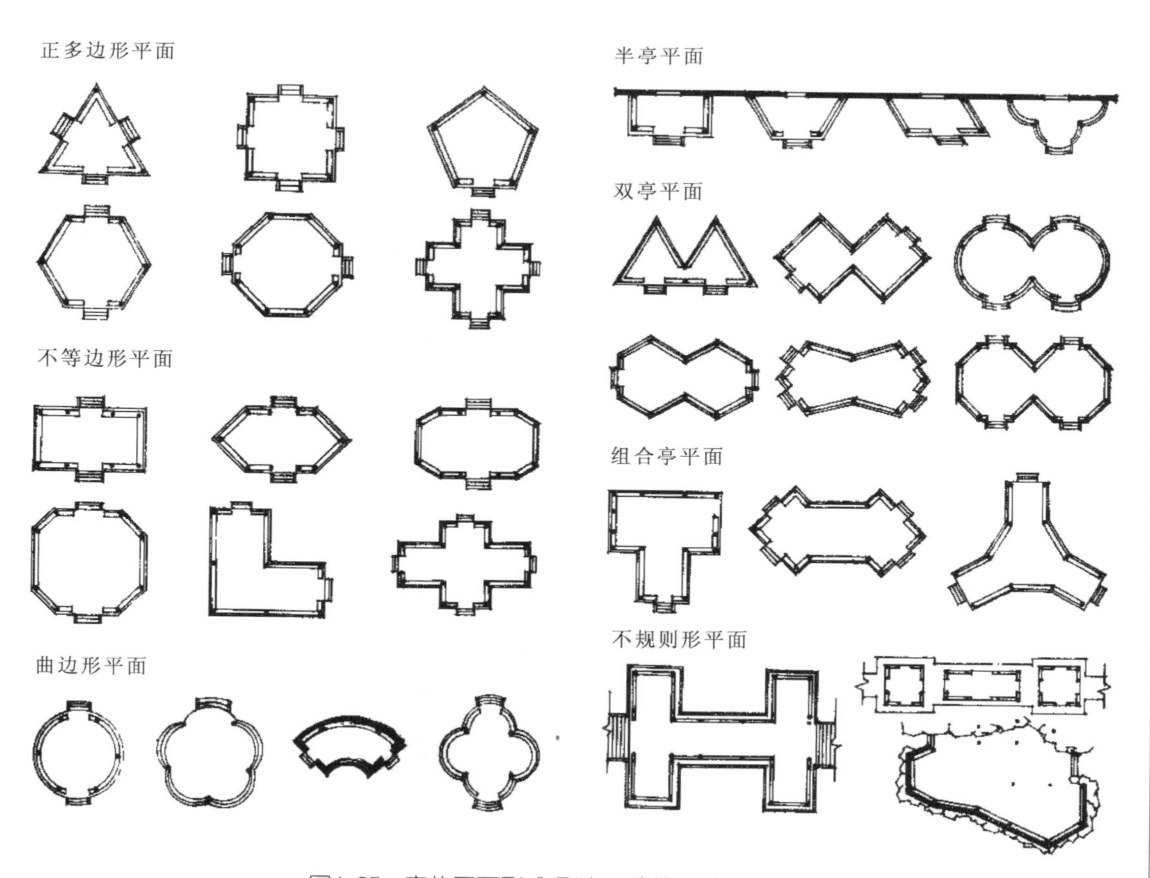

图4.25 亭的平面形式(引自《建筑设计资料集》)

4.2.3　亭的设计要点

(1) 因地制宜、综合考虑。材料和体量应与景观的性质和所处的环境相适应。

(2) 现代亭可根据环境要求作成现代传统型、仿生型、生态型、解构组合型、虚实相生型、图腾型、现代创新型、海派风韵型、新材料结构型、智能型(图4.26、图4.27)。

(3) 亭檐的数量可设计为单檐或重檐。单檐中，方亭通常为四柱或十二柱、六角亭为六柱、八角亭为八柱。重檐中方亭则多至十六柱(图4.28)。

(4) 单亭直径最小一般不小于3m，最大不大于5m，高度不低于2.3m，亭的大小应根据环境来决定。

(5) 亭的柱高和面阔具有一定比例，一般是方亭柱高等于面阔的8/10，六角亭柱高等于面阔的15/10，八角亭柱高等于面阔的16/10。

图4.26	图4.28
图4.27	

图4.26　现代传统型

图4.27　现代创新型

图4.28　单檐六角亭

4.2.4 亭的设计实例

亭的设计实例如图4.29、图4.30所示。

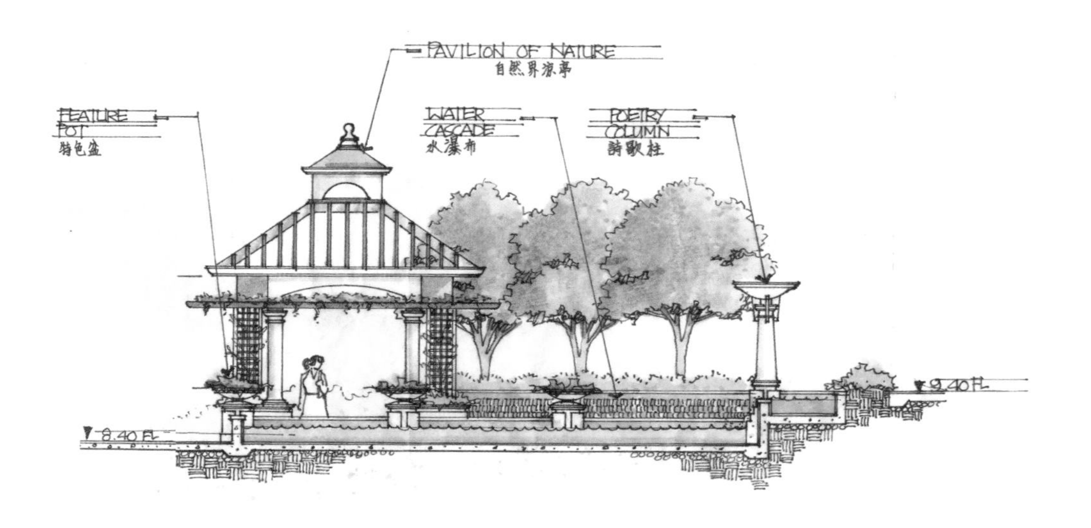

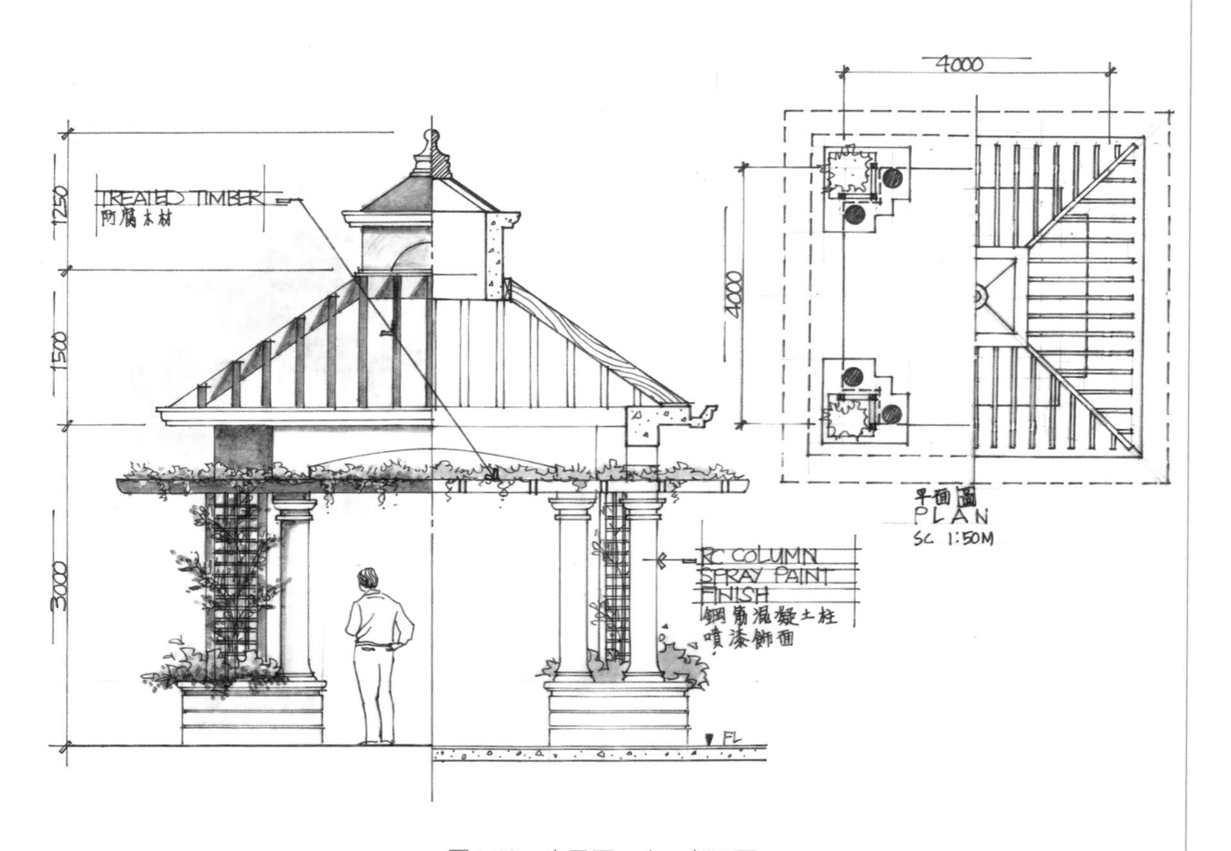

图4.29 亭子平、立、剖面图

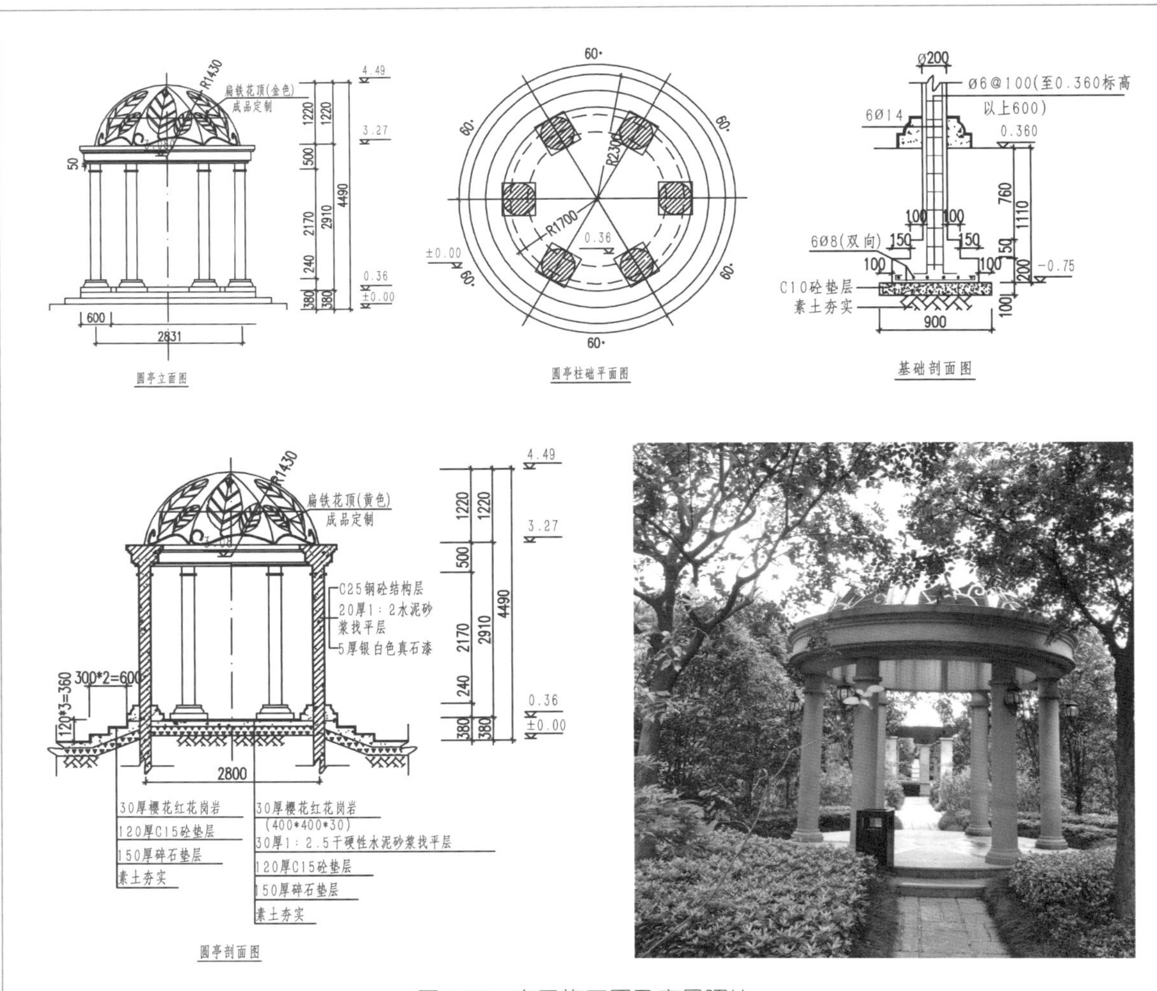

图4.30　亭子施工图及实景照片

4.2.5　亭的案例赏析

亭的案例赏析如图4.31~图4.42所示。

图4.31　单臂斗笠亭

图4.32　六边圆拱亭

图4.33　四角攒尖瓦亭

图4.34 | 图4.35 | 图4.36
图4.37 | 图4.38 | 图4.39
图4.40 | 图4.41
图4.42

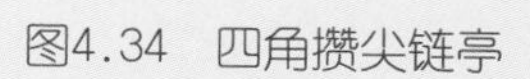

图4.34　四角攒尖链亭

图4.35　东方风格亭

图4.36　东南亚风格亭

图4.37　单柱斜拉锁六角亭

图4.38　多臂休闲亭

图4.39　金属索膜遮阳亭

图4.40　现代创新型亭

图4.41　仿生亭

图4.42　新材料结构型亭

4.3 廊架

本节引言：

廊和花架是景观小品的重要组成部分，廊作为通行之道，它可以联络建筑，划分景区空间，丰富空间层次，是为联系景区景点而建筑的纽带。中国古典园林中廊列覆顶，“宜曲宜长则胜”，“随形而弯，依势而曲”，迂回曲折，透迤蜿蜒。花架以植物材料为顶，接近自然，融合于环境之中，它的布局比较自由，在环境中有很强的导向性，可以衔接各处景观。

4.3.1 廊架的功能作用

(1) 通常布置于两个建筑物或两个景点之间，有空间联系和空间划分的作用。

(2) 作为通道、有交通联系上的实用功能，是联系风景的纽带。

(3) 有防雨遮阳、点缀环境、活跃景色的烘托作用。

(4) 对景观中风景的展开和观景程序的层次起着重要的组织作用。

4.3.2 廊架的基本类型

1．廊(图4.43、图4.44)

从廊的横剖面可分为6种形式：双面空廊、单面空廊、暖廊、复廊、单支柱廊、双层廊。

从廊的总体造型及其与地形、环境结合的角度可分为：直廊、曲廊、抄手廊、回廊、爬山廊、叠落廊、桥廊、水廊，见表4-1。

表4-1 廊的基本类型(引自《中国园林建筑》)

<table>
<tr><td rowspan="4">按廊的横剖面形式划分</td><td>双面空廊</td><td>暖廊</td><td>复廊</td><td>单支柱廊</td></tr>
<tr><td>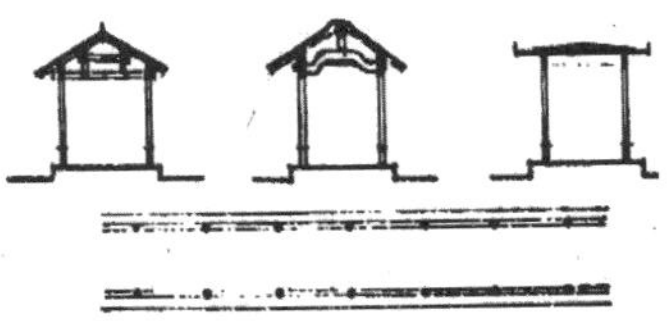</td><td></td><td></td><td>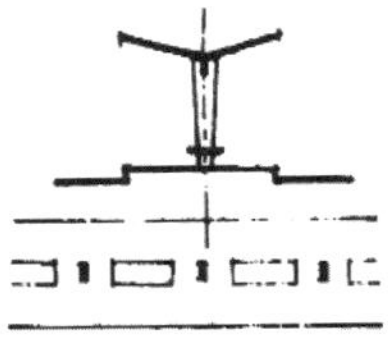</td></tr>
<tr><td colspan="2">单面空廊</td><td colspan="2">双层廊</td></tr>
<tr><td colspan="2">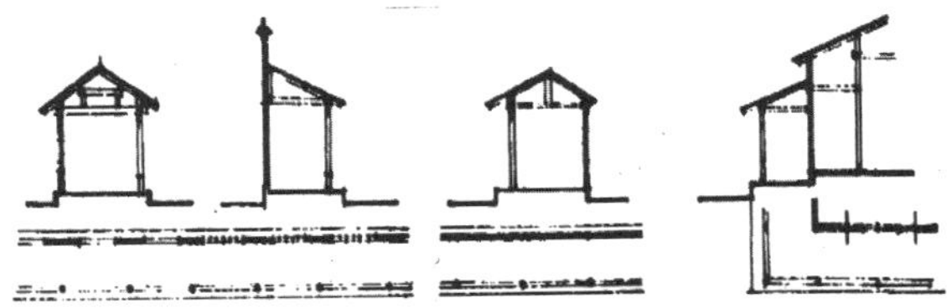</td><td colspan="2">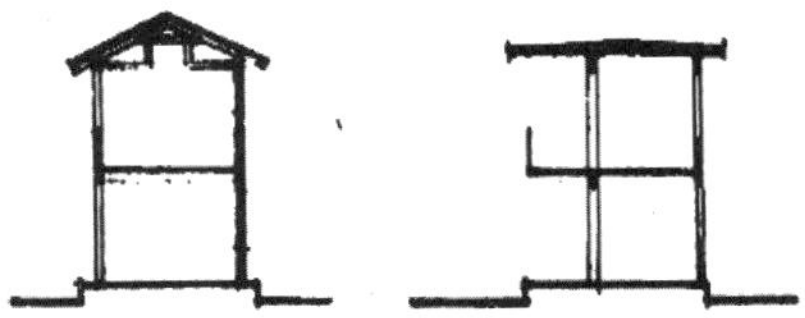</td></tr>
</table>

(续表)

按回廊整体造型划分	直廊	曲廊	抄手廊	回廊
	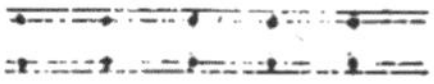	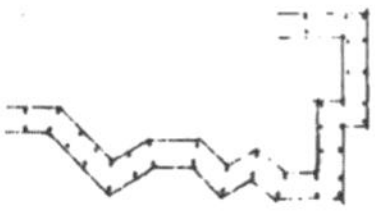	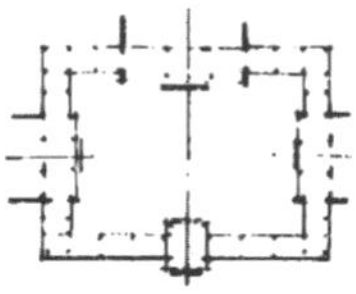	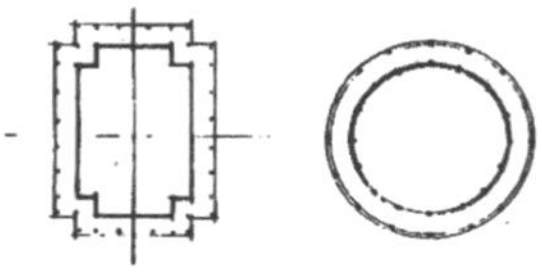
	爬山廊	叠落廊	桥廊	水廊
	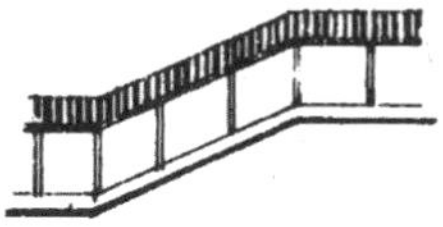	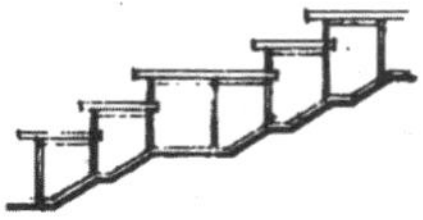	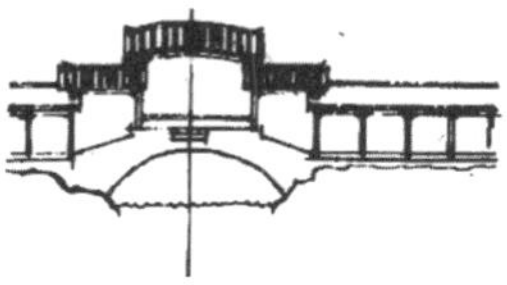	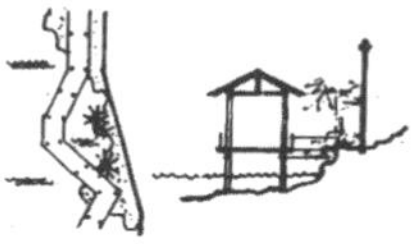

2．架(图4.45)

其造型有长方形、圆形、弧形等。长方形给人以端庄、大方之美，圆形给人以玲珑小巧、活泼秀丽之美，弧形给人以变化、意境之美。

架在材质上有木质、竹质、钢质、钢筋混凝土的。近代水泥问世后，经常用钢筋混凝土预制件搭建而成，架上涂仿真石漆，以假乱真。钢质花架或混凝土花架可把其柱、檩、梁外形做成仿生形状，别有一番情趣。

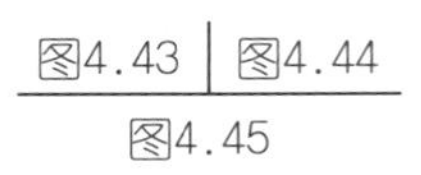

图4.43 单面空廊

图4.44 双面曲线型空廊

图4.45 钢制仿生型廊架

4.3.3 廊架的设计要点

1. 廊

(1) 内部装饰以万顺挂落，下设半栏、半墙，内外可窥，上敷坐槛，用以坐憩。

(2) 其两柱之间宽约3m左右，横向净宽约1.5～3.0m，柱距约3m，一般柱径15cm左右，柱高2.5～2.8m；方柱截面控制在150mm×150mm，长方形截面柱长边不大于300mm。

(3) 应注意廊的形式、尺寸、色彩、题材，因地制宜、结合自然环境设置。

(4) 采用漏窗，障景等手法来分割空间。

2. 花架

(1) 花架的高度控制在2.5～2.8m，有亲切感，一般用2.3m、2.5m、2.7m等尺寸。

(2) 花架的开间一般设计在3～4m之间，如太大会显得笨重臃肿。进深跨度通常用2.7m、3.0m、3.3m。

(3) 在绿化庇荫长成之前花架本身要耐看，除借助于尺度体量比例得当外，还应重视花架构件的线脚花纹装饰。

4.3.4 廊架的设计实例

廊架的设计实例如图4.46、图4.47所示。

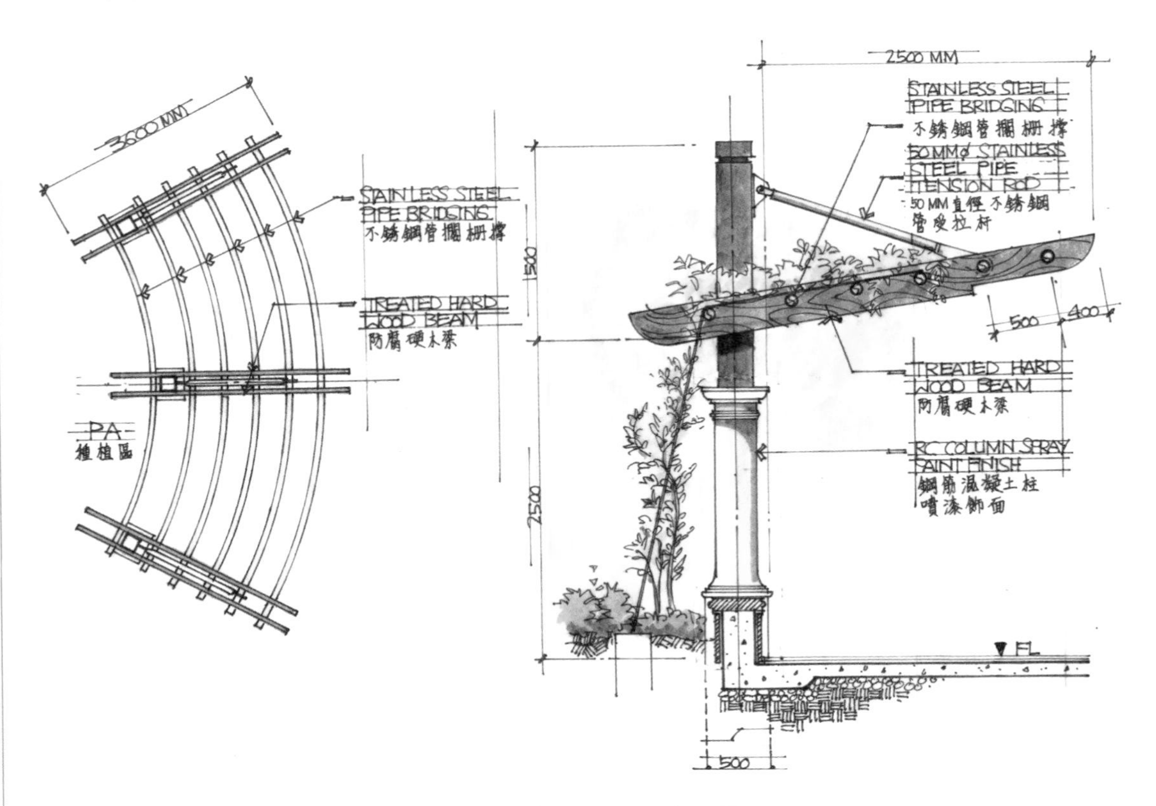

图4.46 廊架平、立、剖面图

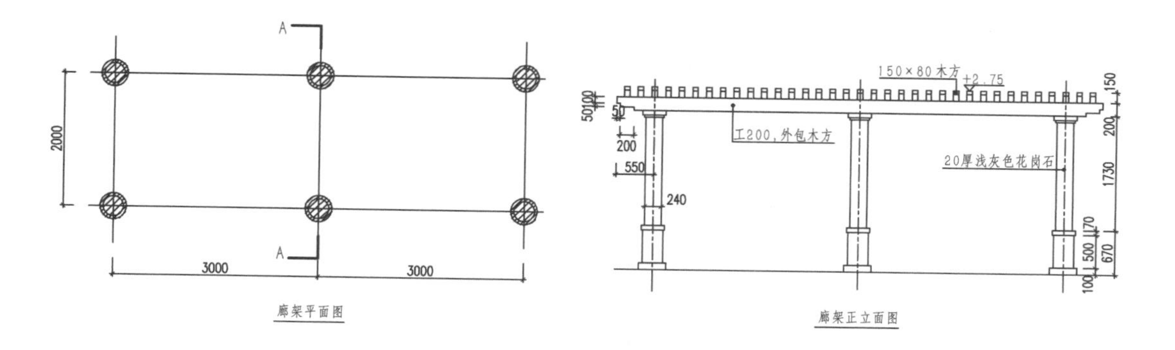

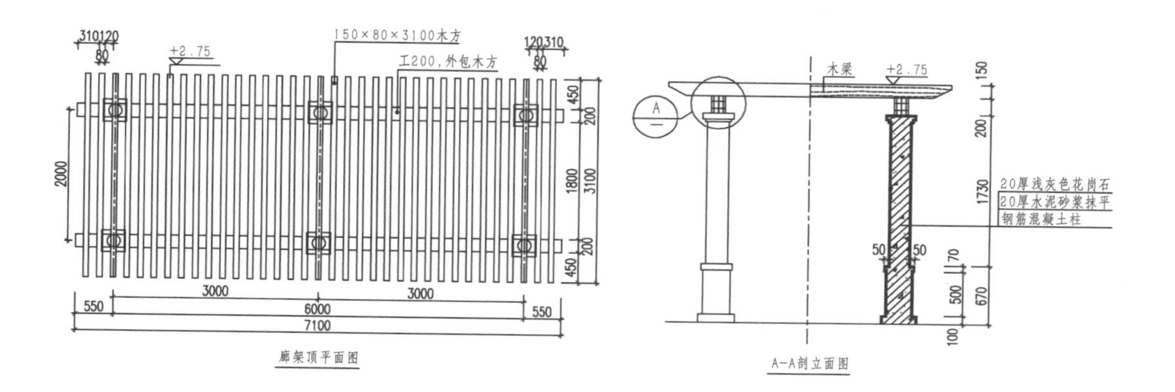

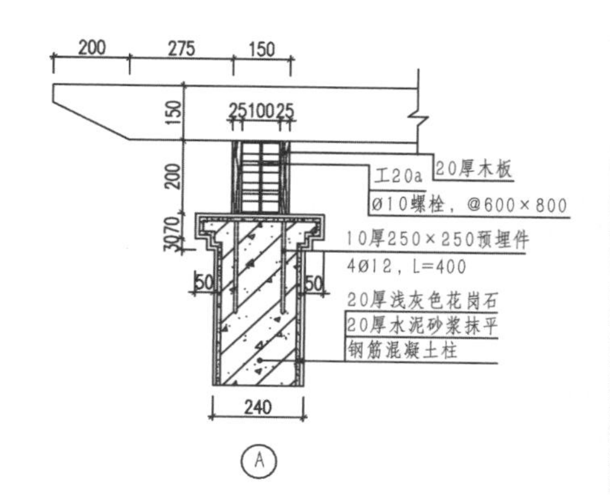

图4.47 廊架施工图及实景照片

4.3.5　廊架案例赏析

廊架案例赏析如图4.48～图4.54所示。

图4.48　欧式双面空廊

图4.49　现代单支柱廊

图4.50　单柱彩色玻璃廊

图4.51　单柱挑梁式花架

图4.52　现代木质廊架

图4.53　木材开放式廊架

图4.54　钢丝网水泥廊亭

4.4 桥

本节引言：

设想一下原始人穿河过谷，可能是利用天然倒下的树木，或从大自然赐予的石梁——天生桥上面过，或攀扶着森林中盘缠的野藤，或跳跃在溪涧的石块之上。先民的最初尝试给园林带来了无限的风光。

自然界景物中的水面、山谷、溪涧、断崖、峭壁等虽是千姿百态、美不胜收，但引人关注却望而止步的是人间彩虹——园林小桥。桥是人类跨越河山天堑的伟大创造。它丰富开阔了人们的视野，方便了交通，促进了社会的发展。而“小桥流水人家”，则反映出桥与人们生活的息息相关，因而赋予其田园般的诗情画意。

4.4.1 桥的功能作用

(1) 桥是路在水中的延伸，可联系水陆交通，连接水岸两边景物，跨水游览。

(2) 水面重要的风景点，以其优美的造型点缀城市环境，并自成一景。

(3) 划分水面空间，增加景色层次，也可用来陪衬水上亭榭等建筑物。

(4) 延长游览行程和时间，以扩大空间感，在曲折中变换游览者的视线方向，做到“步移景异”。

4.4.2 桥的类型及特征

1. 平桥

平桥外形简洁，多紧贴水面，平面有直线形和曲折形之分，结构有梁式和板式(图4.55)。板式桥适于较小的跨度，跨度较大的就需设置桥墩或柱，上安木梁或石梁，梁上铺桥面板。曲折形的平桥，是古典园林中所特有的，不论三折、五折、七折、九折，通称“九曲桥”。

图4.55 板式平桥

2. 拱桥

拱桥造型优美，曲线圆润，富有动态感。单拱的桥形如垂虹平卧清波，或似圆月半入碧水，仿佛一座摆放在水面的精致雕塑。多孔拱桥适于跨度较大的宽广水面，常见的多为三孔、五孔、七孔等(图4.56)。

图4.56 五孔桥

3. 木栈道

木栈道是景观中最特殊的一类，栈桥并不是横跨水面，而是在水的一边或悬崖处，架空或悬吊的道路。近年来为满足人们亲水、观景之需求，采用软性素材铺设，并设有阶梯、休息座椅及瞭望台等。

4. 廊桥

廊桥以石桥为基础，在其上建有亭、廊等，因此又叫亭桥或廊桥，其功能除一般桥的交通和造景外，还可供人休憩、遮阳避雨(图4.57)。

图4.57 五孔廊桥

5. 汀步(跳桥)

汀步是置于水中的步石、飞石。它是将几块石块平落在水中，供人蹑步而行。由于它自然、活泼，因此常成为溪流、水面的小景。景观中运用这种古老渡水设施，质朴自然，别有情趣(图4.58)。

图4.58 规则式石汀步

4.4.3 桥的设计要点

(1) 桥中线与水流中线相垂直。

(2) 园林境界决定桥的形状与大小。桥的造型、体量与两岸的地形、地貌有关，平坦的地面、溪涧山谷、悬崖峭壁或岸边巨石、大树等都是建桥的基础环境，桥的造型体量应与其相协调。

(3) 园林水面或聚或分，自由灵活，多姿多彩，其形状、大小、水量等都与桥的布局及造型有关。宽广的大水面或水势急湍者，则宜建体量较大、较高的桥；水面较小且水势平静，宜建低桥、小桥，有临波微步之感；涓涓细流，宜建紧贴水面的汀步；在平静的水面建桥应取其倒影，或拱桥或平桥，均应与倒影效果联系起来。

(4) 结合植物成景，如桥头植树、桥身覆以蔓藤等。

(5) 石板桥设计：宽度在0.7～1.5m，以1m左右居多，长度1～3m不等，石料不加修琢，仿真自然，可不加或单侧加设栏杆。石板桥的石板厚度宜200～220mm，需加以安全测算，若客流量较大，则并列加并一块石板以拓宽，宽度则在1.5～2.5m，甚至更大可至3～4m，为安全起见一般都加设石栏杆，不宜过高，在450～650mm即可。

(6) 汀步设计：基础要坚实、平稳，面石要坚硬、耐磨。多采用天然的岩块，如凝灰岩、花岗岩等，砂岩则不宜使用，也可以使用各种美丽的人工石。石块的形状，表面要平，忌做成龟甲形以防滑，又忌有凹槽，以防止积水及结冰。汀石布石的间距，应考虑人的步幅，中国人成人步幅为56～60cm，石块的间距可为8～15cm，石块不宜过小，一般应在40cm×40cm以上，汀步石面应高出水面约6～10cm为好。置石的长边应与前进方向相垂直，这样可以给人一种稳定的感觉。

4.4.4 桥的设计实例

桥的设计实例如图4.59和图4.60所示。

图4.59 桥的剖立面图

图4.60 木桥施工图及实景照片

4.4.5 桥的案例赏析

桥的案例赏析如图4.61～图4.68所示。

图4.61	图4.62	
图4.63	图4.64	图4.65
图4.66	图4.67	
图4.68		

图4.61 板式平桥

图4.62 梁式平桥

图4.63 九曲桥

图4.64 木质拱桥

图4.65 规则式木汀步

图4.66 公园景观梁桥

图4.67 现代钢质景桥

图4.68 具有强烈构成感的钢质景桥

本章思考题

■ 构筑物小品在景观设计中有什么作用?
■ 构筑物小品设计应注意哪些问题?
■ 观察生活中的构筑物如何设计，并进行归纳、整理。
■ 如何在特定场所表现特定主题的文化景观空间?

作业练习

■ 收集构筑物小品设计实例或照片，重新进行设计，要求造型新颖，设计表达与整体环境协调、统一，并体现自身的使用功能特点。参照本章节设计实例部分，在A3纸上绘制详细的平、立、剖面图及详细的尺寸材料标注（比例1：40、1：50）。

第5章 自然景致设计及实例

教学目标和要求

目标：通过该课程设计，了解自然景致的设计语言、表达方法及在景观中的地位和作用。

要求：通过地形、水景、植物、山石设计的具体讲述，让学生接触并了解自然景致的多样性。学生能结合场地特点，做一组自然景致设计，并对其做深层次意义的理解和表达。通过作业练习进一步培养学生的施工图绘制能力。

本章要点

◆ 地形改造在景观设计中的运用。

◆ 水景分类及其构造。

◆ 植物的配置形式及其布局。

◆ 山石设计要点。

本章引言

自然景致设计指本身没有使用功能而纯粹作为观赏和美化环境的，以点缀景致为目的的小品，如地形、水景、植物、山石等。可丰富城市空间，渲染环境气氛，增添空间情趣，陶冶人的情操，在环境中表现出强烈的观赏性和装饰性。

5.1 地形

本节引言：

地形因素对于景观建成的效果影响最大，现有地形地貌是设计最主要的现状条件。景观设计师应当善于从地块的诸多地形特征中总结出对设计项目影响最大的主要特征，并掌握其相对应的空间特点和适合塑造什么样的空间和场地。景观建设过程的首要步骤就是进行场地清理和地形改造，地形是构筑物、绿植、水体、城市家居等内容的依托界面，是景观小品建设效果的关键因素之一。

5.1.1 地形的功能作用

1．塑造空间

地形可以利用许多不同的方式创造和限制外部空间，地形的起结开合直接决定景观空间的高下、收放，进而决定空间的性质和作用(图5.1)。

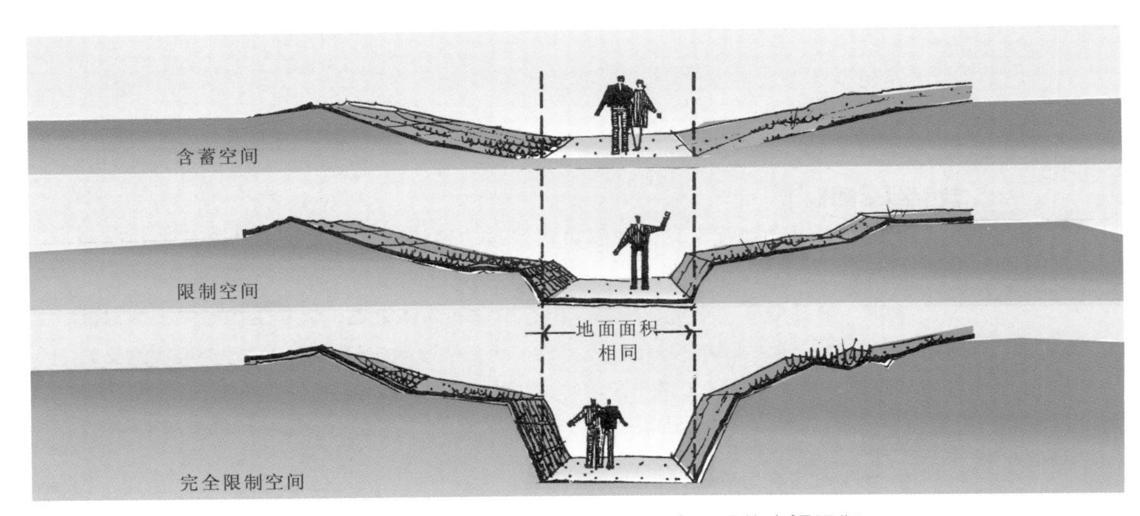

图5.1 即使不改变底面积也能创造出不同的空间限制

2．控制视线

(1) 增加视线一侧或两侧的地形高度，可强化景物的焦点作用(图5.2)。

图5.2 使视线停留在某一特殊焦点上

(2) 倾斜的坡面可被用来强调或展现特殊目标或景物(图5.3)。

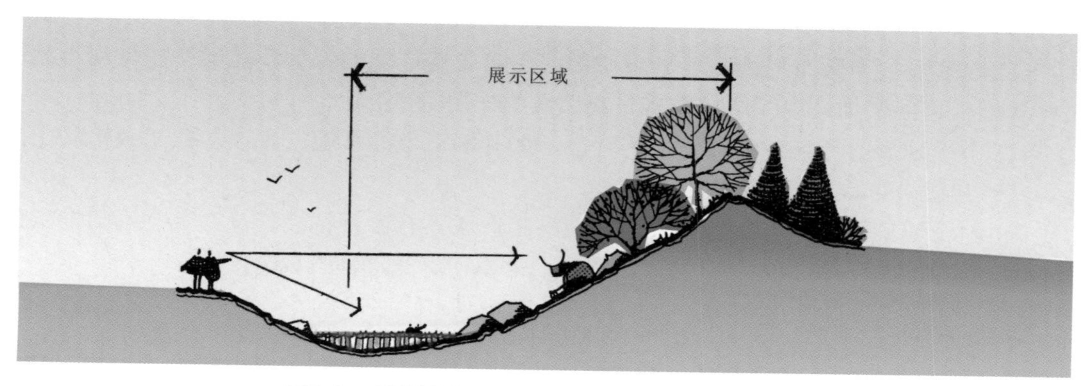

图5.3　斜倾的坡面是很好的展示观赏因素的地方

(3) 建立空间序列，引导人们前进，交替地展现和屏蔽目标或景物，让观赏者仅看到景物的一个部分，对隐藏部分产生期待感和好奇心(图5.4～图5.6)。

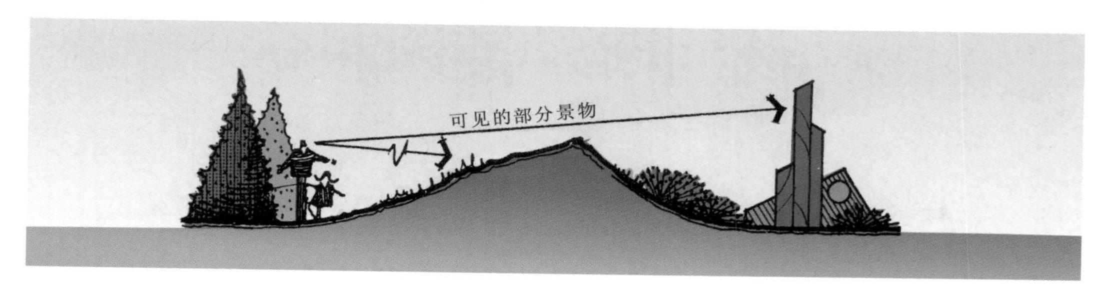

图5.4　土山部分地障住吸引人的景物，而得到预想的效果

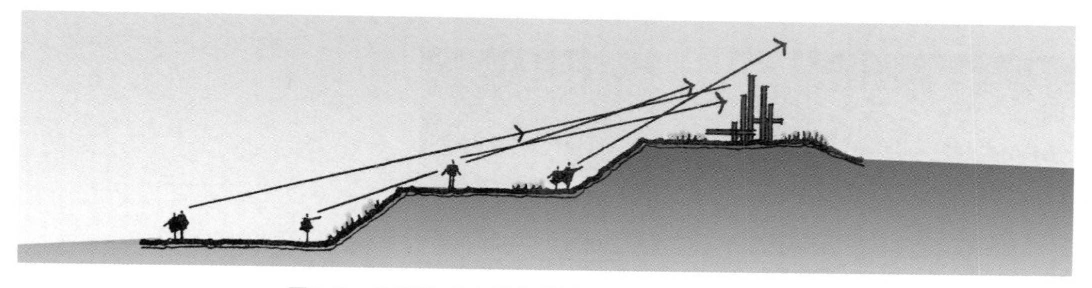

图5.5　地形造成向景物运动时，焦点的序列变化

图5.6　在一定距离内，山头障住视线，当到了边沿才能见到景物

3．美学功能

(1) 地形可被当做布局视觉要素来使用，作为景观环境的背景，能够衬托景观小品等主体景物，起到增加景观深度，丰富景观层次的作用(图5.7)。

(2) 由于地形本身具备一定的审美特征，如开阔平坦的草地、水面、层峦叠嶂的山地等，其自身就会形成景观(图5.8)。

(3) 由于地形是一种可塑性物质，它能被塑造成具有各种特性、具有美学价值的实体和虚体，如柔软的自然状态和其坚硬的人造状态的“大地艺术”(图5.9)。

图5.7	图5.8
图5.9	

图5.7 以地形为背景的长椅

图5.8 开阔平坦的草地

图5.9 大地艺术

4．工程作用

(1) 地形的正确使用可以充分地采光聚热，可阻挡刮向某一场所的冬季寒风，增加地形变化，更有利于植物生长，改善通风条件，降低温度，从而创造和改善小气候条件。

(2) 合理的地形设计有利于景区内排水组织，防止地面积水和水土流失。

5.1.2 地形的类型及特征

1．平地

坡度在3%以下，由于排水的需要，景观中基本上不存在完全水平的平地，而是具有一定坡度相对平整的地面，有利于植物营造和景观建筑布局。为避免水土流失及提高景观效果，单一坡度的地面不宜延续过长，应有小的起伏或设计成多面坡。平地坡度的大小，可视植被和铺装情况以及排水要求而定。

2．坡地

坡地一般与山地、丘陵或水体并存，其坡向和坡度大小视土壤、植被、铺装、工程措施、使用性质以及其他地形地物因素而定。坡地的高低变化和明显的方向性(朝向)使其在造景用地中具有广泛的用途和设计灵活性。坡地根据坡度的大小可分为缓坡地、中坡地、陡坡地、急坡地和悬崖陡坎等。

1) 缓坡地

坡度在3%～10%之间(坡角为2°～6°)，在地形中属陡坡与平地或水体间的过渡类型。道路、构筑物布置均不受地形约束，可作为活动场地和种植用地等。

2) 中坡地

坡度在10%～25%之间(坡角为6°～14°)，在建筑区需设台阶，构筑物布置受限制，通车道路不宜垂直于等高线布置。坡道过长时，可通过台阶与平台的交替转换，以增加舒适性和平立面变化。

3) 陡坡地

坡度在25%～50%之间(坡角为14°～26°)，道路与等高线应斜交，构筑物布置受较大限制。陡坡多位于山地处，做活动场地比较困难，一般作为种植用地。25%～30%的坡度可种植草皮，25%～50%的坡度可种植树木。

4) 急坡地

坡度在50%～100%之间(坡角为26°～45°)，是土壤自然安息角的极值范围。急坡地多位于土石结合的山地，一般用作种植林坡。道路一般需曲折盘旋而上，梯道需与等高线成斜角布置，构筑物需作特殊处理。

5) 悬崖、陡坎

坡度大于100%，坡角在45°以上，已超出土壤的自然安息角。一般位于土石中石山，种植需采取特殊措施(如挖鱼鳞坑修树池等)。道路及梯道布置均困难，可采用悬索桥、隧道布置交通，但一般工程措施投资大。

各种场地的适用坡度见表5-1，地形设计的参照见表5-2。

表5-1 各种场地的适用坡度(注：根据《全国民用建筑工程设计技术措施 规划·建筑2003》规定)

场地名称	适用坡度(%)	场地名称	适用坡度(%)
密实性地面和广场	0.3~3.0	杂用场地	0.3~3.0
广场兼停车场	0.25~0.5	一般场地	0.2
儿童游乐区	0.3~2.5	绿地	0.5~5.0
运动场	0.2~0.5	湿陷性黄土地面	0.7~7.0

表5-2 地形设计(道路、土坡、明沟等)坡度、斜率、倾角的选用参照表

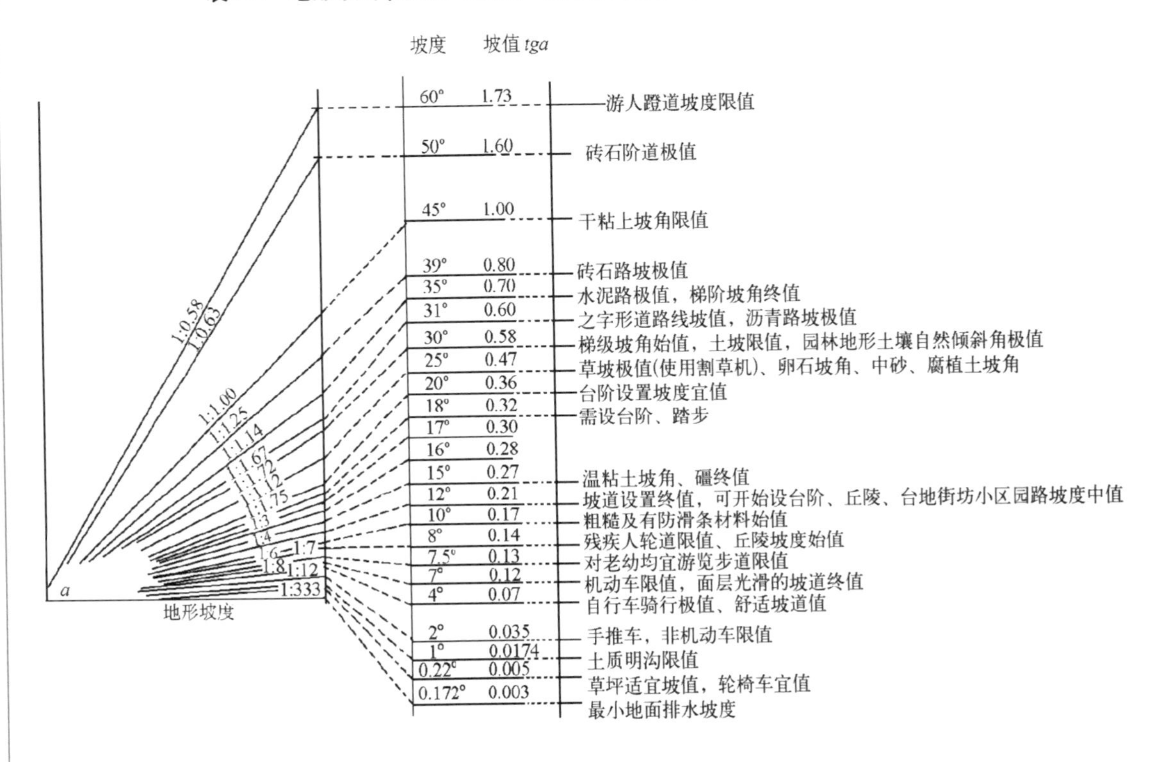

5.1.3 地形的设计要点

(1) 合理安排各要素坡度和各高呈点，使所在的山水、植物和构筑物等满足不同类型、不同使用功能的观赏和各种活动需求。

(2) 因地制宜，进行合理地改造。“高可筑台，低可凿池”，说明了巧妙地利用原地形的有利条件，稍加整理，便可成型，原地形的状况，直接影响景观的塑造。

(3) 就地就近，维持土方量的平衡。即在地形设计时，尽量缩短土方运距，就地填挖，并保持土方平衡，以节省资金。

(4) 形成良好的排水坡面，避免地表径流对水土的冲刷，造成滑坡或塌方。

(5) 考虑光照、风向及降雨量，从而调节小气候。

5.1.4 地形的设计实例

地形的设计实例如图5.10和图5.11所示。

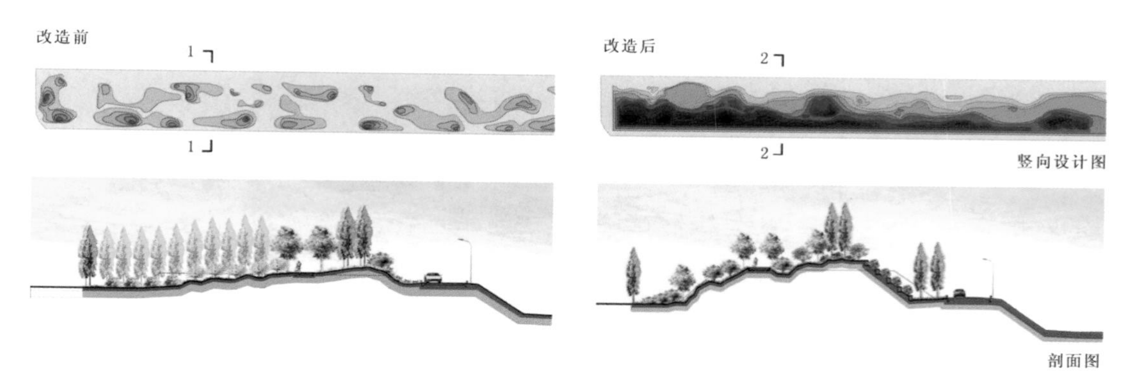

图5.10 地形改造前后对比

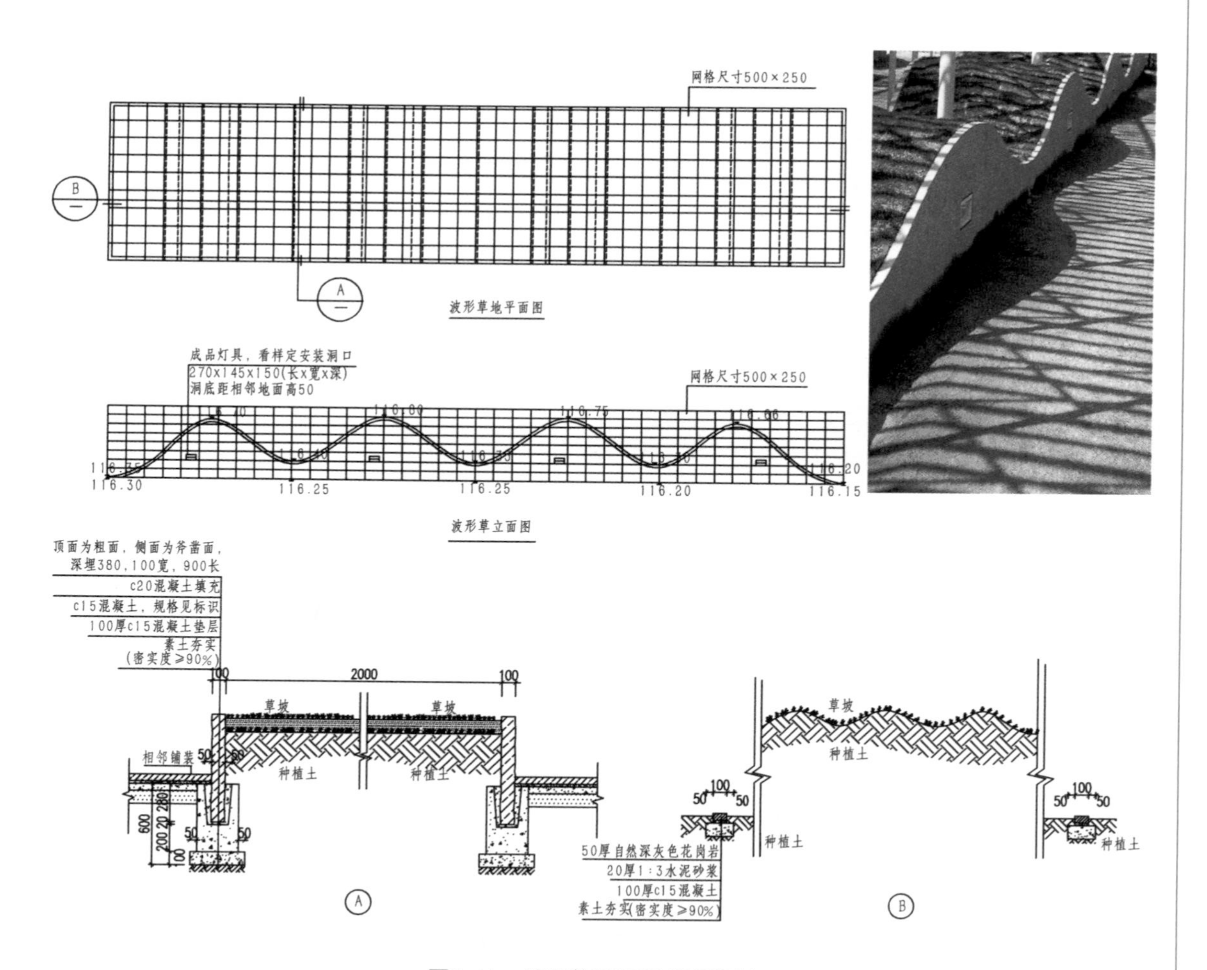

图5.11 地形施工图及实景照片

5.1.5 地形设计案例赏析

地形设计案例赏析如图5.12~图5.19所示。

图5.12	图5.13	图5.14	图5.15
图5.16	图5.17		
图5.18	图5.19		

图5.12 地形(一)

图5.13 地形(二)

图5.14 地形(三)

图5.15 地形(四)

图5.16 地形(五)

图5.17 地形(六)

图5.18 地形(七)

图5.19 地形(八)

5.2 植物

本节引言：

植物造景主要指通过人工设计、栽植、养护等手段形成的绿色环境，关系到城市绿地功能的发挥和整个市容艺术水平的高低，是城市景观构成中最广泛、最特殊而又最为亲和的要素，是现代城市可持续发展的重要主题。在城市绿地中，由于各个栽植地的具体条件不同，树木造景形式也多种多样，应根据具体条件、具体环境选择造景形式。

5.2.1 植物的功能作用

1．改善环境

植物在景观中可以改善提高环境质量。在城市环境中，常使用体态高大的乔木来遮挡寒风。如果行道树和景观树为阔叶树，就会形成浓荫，可以在酷暑中遮挡骄阳。建筑场地与城市道路相邻时，沿道路边的地界线处用大中小乔木、灌木结合，既可以丰富道路景观，又可以降低噪声。植物还具有吸尘的作用，利用这些特征，可以有效地改善景观的小环境，如图5.20和图5.21所示。

图5.20 沃尔夫斯城堡公园

图5.21 凯宾斯基酒店花园

2．美化环境

发挥植物本身的景观特性，包括植物的大小、色彩、形态、质地以及与总体布局和周围环境的关系等，并对环境起到完善、统一、强调、识别、柔化和注目等美学作用。

3．烘托气氛

植物的种类极其丰富、姿态美丽各异、四季色彩多变。特别是场地中的小花园，更丰富了场地景观。适当的树种选择，可以形成肃穆、庄严、活泼等不同的环境氛围。

4．遮蔽视线

城市环境中常有一些有碍景观的设施存在。利用枝叶繁茂的小乔木或者是灌木，围合在其周围，就能起到遮蔽的效果。

5．限制行为

利用绿篱的设置，可以限制人们行为的发生，如穿越草坪走近路，靠近需要安静的建筑物窗前玩耍等。

6．变换空间

在场地中，用植物来围合与分隔空间。乔木可以形成浓荫，供人们在树下小憩；生长繁茂的灌木，使人们的视线不能通视，在观看景物时有一种峰回路转的效果。

5.2.2 植物的类型及特征

1．乔木

体形高大、树冠浓密、主干明显、分枝点高、寿命长，有些种类还具有色彩艳丽或浓郁芳香的花朵，如玉兰、银杏。依其形体高矮，分为大乔木(高20m以上)、中乔木(高8~20m)和小乔木(高8m以下)。从一年四季叶片脱落情况，又可分为常绿乔木和落叶乔木。叶形宽大者，称为阔叶乔木；叶片纤细如针状者则称为针叶乔木。

2．灌木

没有明显主干，多呈丛生状态或自茎部分枝。一般体高2m以上者称大灌木，1～2m为中灌木，高度不足1m者为小灌木。根据秋天落叶的情况，也可划分为常绿及落叶两类。灌木一般具有艳丽的色彩，是美化环境、突出季相特点的重要材料，如丁香和石榴等。

3．藤本

凡植物本身不能直立，必须依靠其特殊器官(吸盘或卷须)或靠蔓延作用而依附于其他支撑物上，称为藤本，亦称攀缘植物，如葡萄、金银花等。藤本也有常绿藤本与落叶藤本之分。

4．竹类

属于禾本科的常绿灌木或乔木，主干浑圆、空而有节、皮翠绿色；但也有呈方形、实心及其他颜色和形状(紫竹、金竹、方竹、罗汉竹等)的，不过为数极少。

5．花卉

花卉根据其生长期的长短及根部形态和对生态条件要求等可分为：一年生花卉、二年生花卉、多年生花卉(宿根花卉)、球根花卉和水生花卉等。

6．地被植物及草坪

地被植物是低矮的花木，它包括草本、蕨类、小灌木、藤本，如白三叶、地被菊和玉簪等。草坪是指种植低矮的草本植物，用以覆盖地面，有利于防止水土流失、保持环境和改善小气候，也是游人露天活动和休息的理想场地。

5.2.3 植物的设计要点

1．植物常见配置形式及类型特点(表5-3)

表5-3 植物常见配置形式及类型特点

形式	布局特点	种类选择
孤植	单株树木的栽植。表现植物个体美，其位置应该十分突出，常作为主景	树形整体而高大；树冠开阔而舒展，树姿优美；花、果叶观赏价值高的树种
对植	凡乔、灌木以相互呼应栽植在构图轴线两侧的称为对植，常作配景	要求采用同一树种，并注重树的体形、大小相似
行植	沿直线或曲线以等距离或距离有规律变化进行布置。可作绿化背景，也起围护和隔离作用	选用树形、树冠较整齐的树种，也要考虑冬、夏的变化，可以两种以上间栽
丛植	几株树木不等距离的种植在一起或形成一个整体，树丛组合重点考虑群体美，也考虑在统一构图中表现的单株个体美	可选择两种以上乔木搭配种植或乔灌木混合搭配，也可同山石、花卉结合，庇荫用的树丛通常采用树种相同、树冠开展的高大乔木
篱植	凡是以植物成行成列式紧密种植，组成边界。因高度不同分为矮篱(h＜0.5m)、中篱(h＝0.5～1.2m)、高篱(h＝1.2～1.5m)和树墙(h＞1.5m)	树种对环境应具有较强的适应性，叶形小，枝叶密集，耐修剪；有常绿、半常绿和落叶之别
花坛	凡在具有一定几何轮廓的植床内，种植各种不同色彩的观花或观叶的植物，从而形成鲜艳的色彩或华丽的图案。花坛富有装饰性，在构图中常作主景或配景	花坛中植物的配置多以草本植物为主，可与木本相结合。图案式花坛一般以各种不同色彩的观叶植物或矮小的小型花卉组成，体现色彩的强烈对比效果

2．绿化种植主体构成形式(图5.22～图5.25)

图5.22 二株树丛配植方式

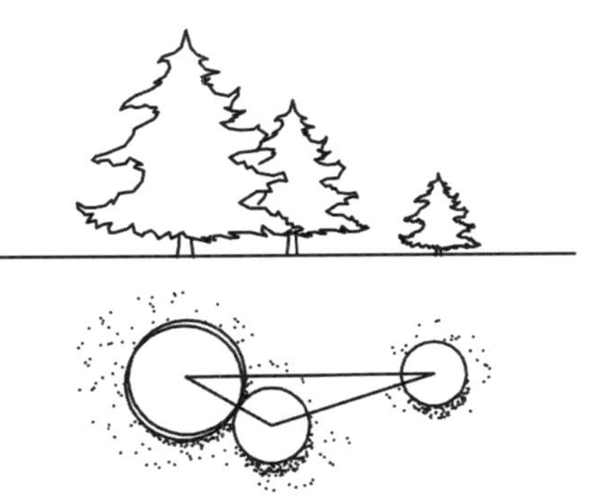

图5.23 三株树丛配植方式

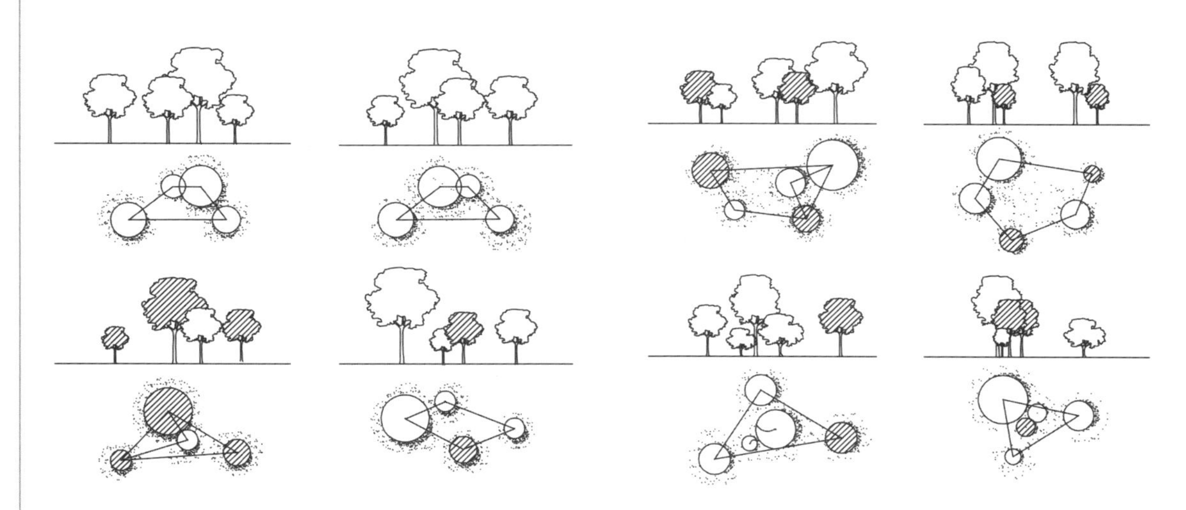

图5.24　四株树丛配植方式　　　　图5.25　五株树丛配植方式

3. 植物平面布置形式(图5.26～图5.28)

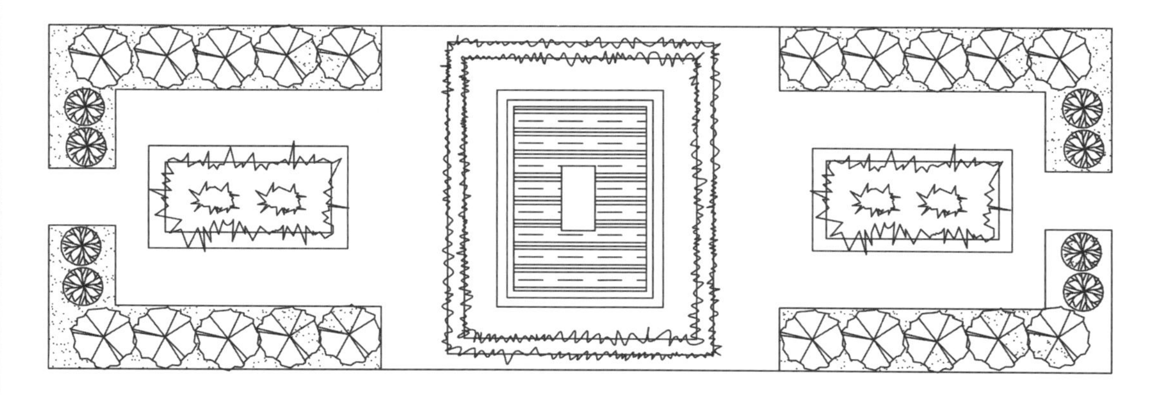

图5.26　规则式

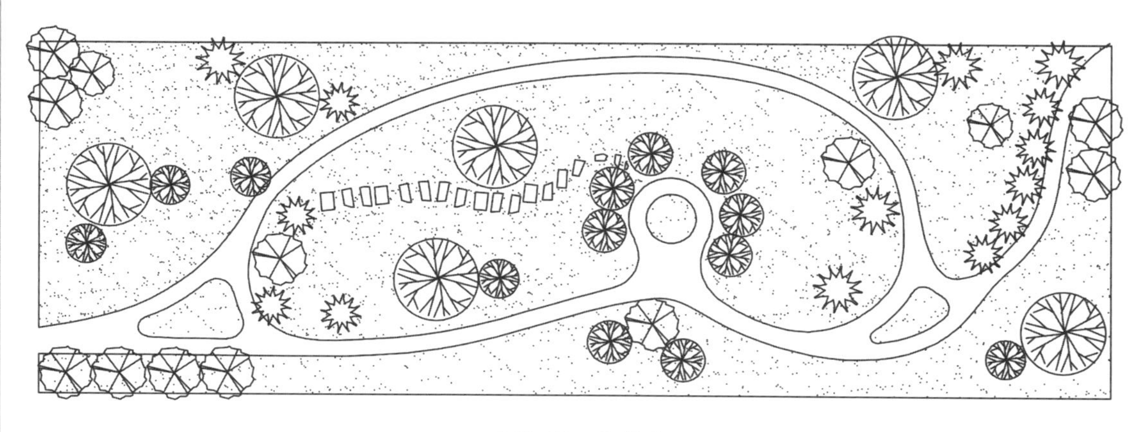

图5.27　自然式

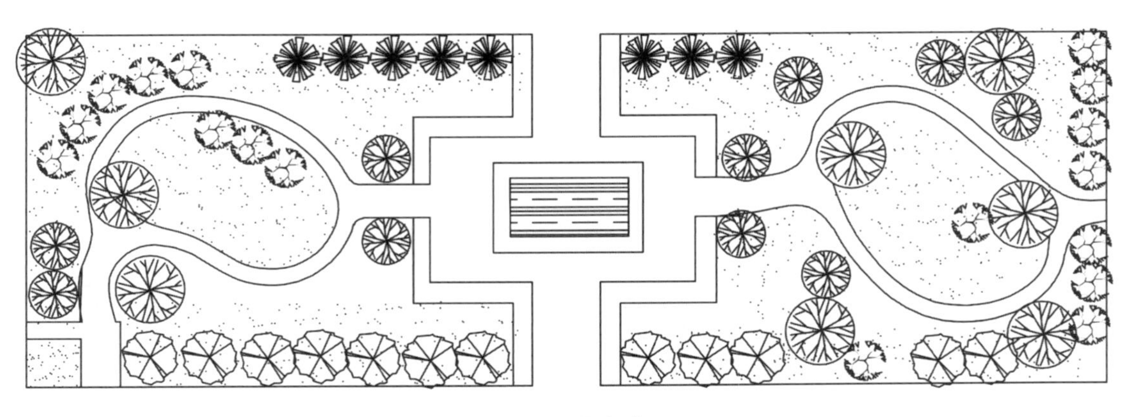

图5.28 混合式

4. 植物立面布置形式(图5.29)

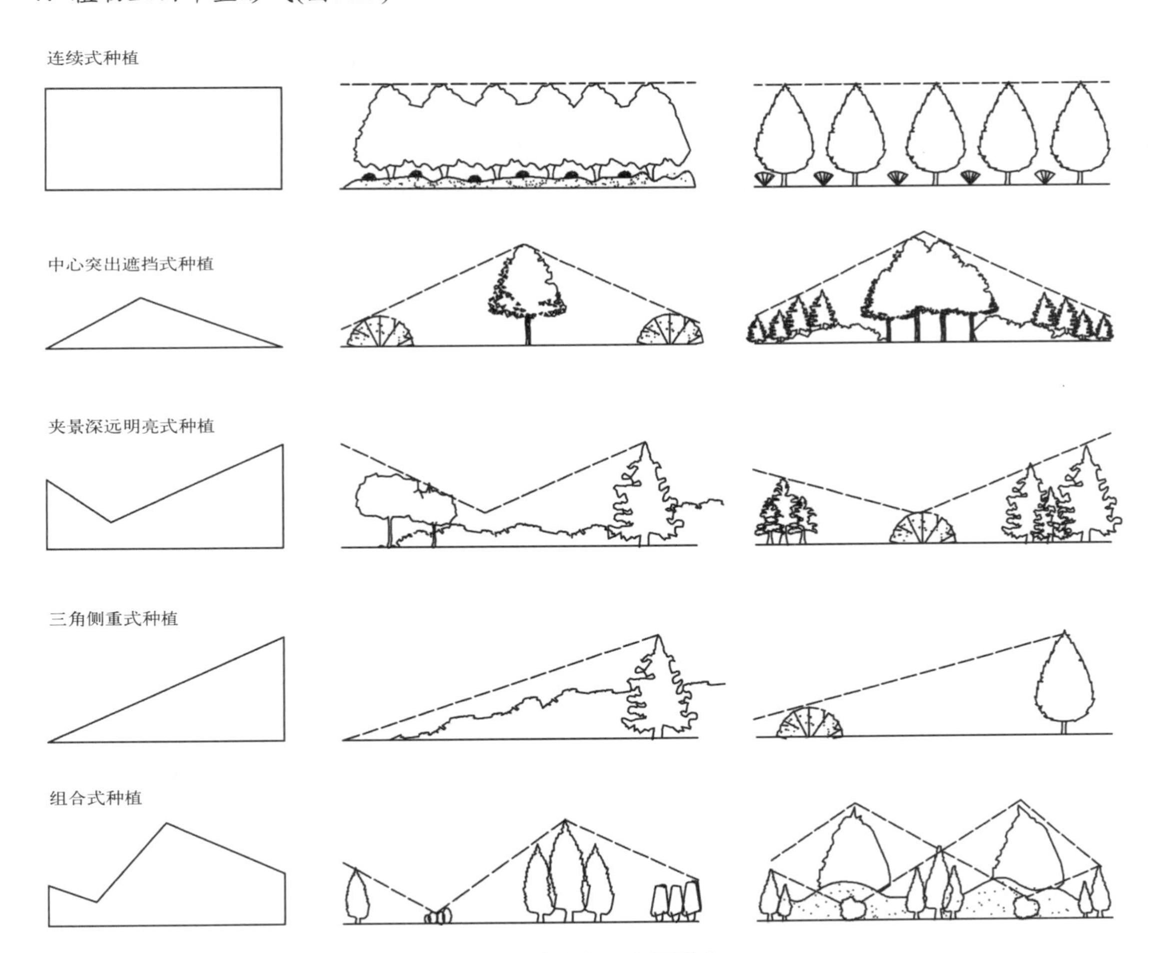

图5.29 植物立面布置形式

5．树木与管线、构筑物间距(表5-4)

表5-4　管线、其他设施与绿化树种间的最小水平净距(注：根据《城市居住区规划设计规范》规定)　单位：m

管线名称	最小水平净距		管线名称	最小水平净距	
	至乔木中心	至灌木中心		至乔木中心	至灌木中心
给水管、闸井	1.5	1.5	热力管	1.5	1.5
污水管、雨水管、探井	1.5	1.5	地上杆柱(中心)	2.0	2.0
煤气管、探井	1.2	1.2	消防龙头	1.5	1.2
电力电缆、电信电缆	1.0	1.0	道路侧石边缘	0.5	0.5
电信管道	1.5	1.0	低于2m的围墙	1.0	0.75

5.2.4　绿植施工技术

在工程技术上，植被的重点一方面是土壤的组成。不同的植物对土壤的要求不同，表现在对土壤的酸碱度、养分及保水、排水、土层厚度的要求不同(表5-5)。另一方面是植物的移栽工程，尤其是大型植物的移栽，除了考虑植物生长的必要客观条件外(如气候、土壤等因素的影响)，还要依靠大型工程设备完成移栽工程。再有就是养管，植物是有生命的东西，如果养管不好将失去它的魅力。

表5-5　植物生长所必需的最低限度土层厚度　单位：cm

类别	植物生存的最小厚度	植物培育的最小厚度
草类、地皮	15	30
小灌木	30	45
大灌木	45	60
浅根性乔木	60	90
深根性乔木	90	150

1．改良土壤及水土保持

在植被工程技术中，掌握各种不同植物对土壤、水分、养分的要求是种植的关键。在水土保持上，通常的做法是调整土壤的构成，达到保水、排水的目的。如北方地区土壤不肥沃，地下水位偏高，改良应注重使土壤即能透气又能透水。因此排水层、反滤层

(防渗层)、滤水层、保水层都很重要。常用的保水层是经处理的种植土，滤水层为砂与碎石，排水层用碎石和盲管，反滤层(防渗层)可以用粘土(图5.30)。

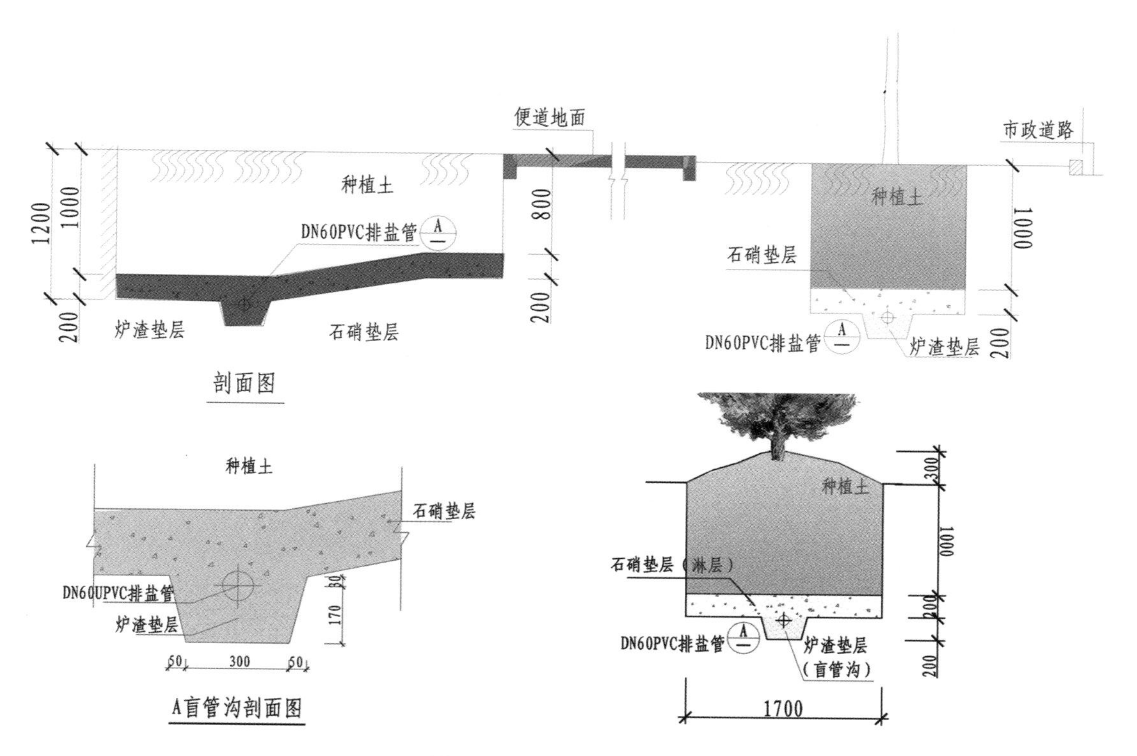

图5.30　常绿乔木栽植图

2．移栽

1) 草坪

草场以专用设备将长成的草铲离地面，运到其他地方，再铺在地表上，让其生长。一般运送草是以草卷形式出现的。

2) 灌木

按株球的大小及品种带原状土包装，再移栽在其他地方，为达到初期较好效果，每平方米株数在种植时远大于生成成熟的密度。

3) 乔木

分为原生植物和苗圃假植植物。原生要对植物进行断根、包装、运输、栽种4个步骤，完成后还需2~3年的精心养护，否则死亡率较高。

3．养管

养护管理工作要在栽植工作后立即进行。应设立支柱保护新栽树木，栽植后应于24h之内灌透水一遍，还需观察水位变化(在地下水位高，不利于植物生长的条件下是必须做的)，除虫、修枝。

5.2.5 植物的设计实例

植物的设计实例如图5.31和图5.32所示。

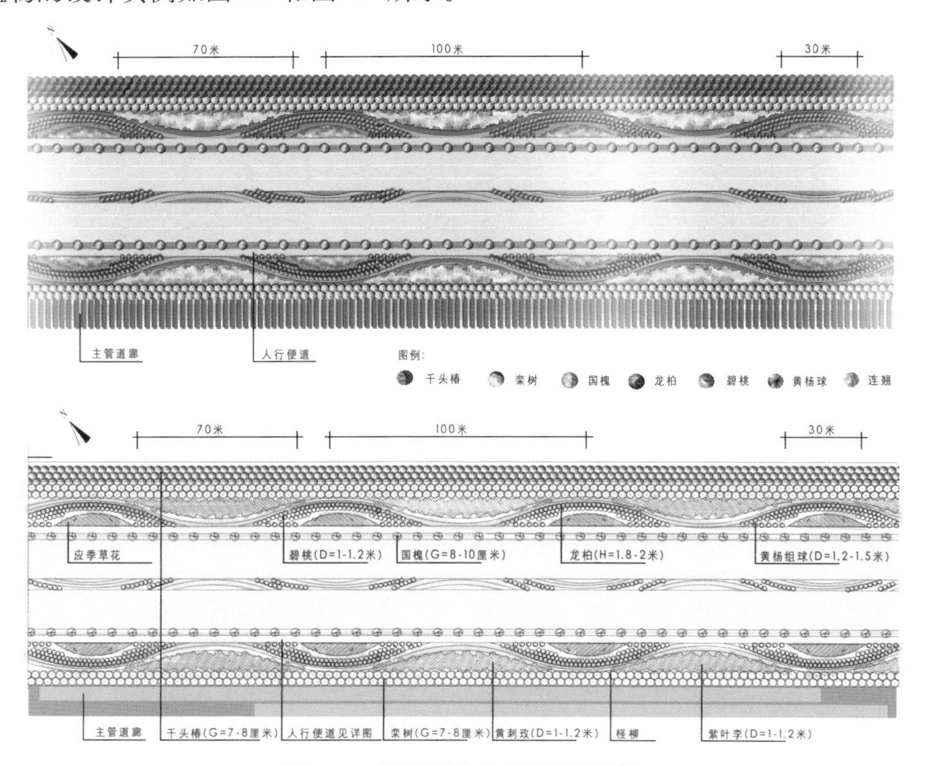

图5.31　道路绿化方案及扩初设计

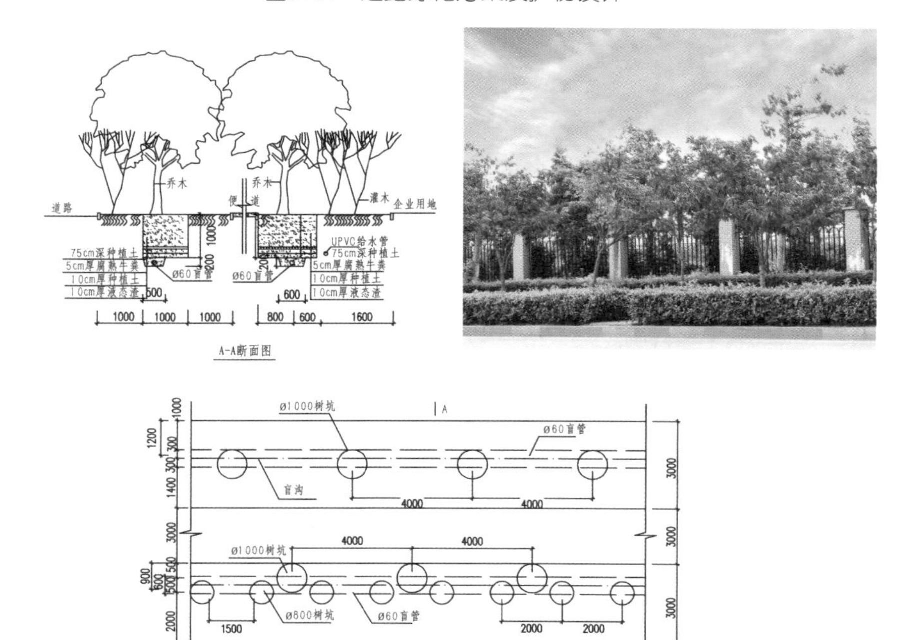

图5.32　种植排盐断面图

5.2.6 植物设计案例赏析

植物设计案例赏析如图5.33~图5.38所示。

图5.33 乔木种植

图5.34 灌木种植

图5.35 几何式地被

图5.36 花卉种植

图5.37 几何式种植

图5.38 自然式种植

5.3 水体

本节引言：

水历来就与人类的活动有着密切的联系。水是人类不可缺少的自然资源，是人类生存的基本条件。中国古典园林以山水为地形骨架，山因水活，水因山而古。各种水体能使园林产生千姿百态、生动活泼的景观，形成开朗的或虚无缥缈的空间和透景线。经常欣赏山色水景，能使人心旷神怡，静心养性，陶冶情操。因此，水体在景观设计中起到非常重要的作用。本节将就景观水体中的湖池、溪涧、瀑布、跌水、喷泉、驳岸与护坡、生态浮岛等最具特色的部分作重点介绍。

5.3.1 水体的功能作用

1. 系带作用

水面具有将不同的景观空间和散落的景点联系起来，而避免景观结构松散、统一整体的作用，它有线型和面型两种表现形式。

2. 焦点作用

喷泉、瀑布、跌水、水帘、水墙等动态水景的形态和声响很容易引起人们的注意，对人们的视线具有一种收聚和吸引作用。

3. 改善环境

水体可以增加空气湿度，提高负氧离子浓度，降低温度，改善城市地面热岛效应，调节城市生态；还可以吸收粉尘，排污去污，改善环境卫生等功能。

4. 提供娱乐条件

水体可组织水上交通和游览，还可以利用水体组织众多的体育娱乐活动，如划船、游泳、垂钓、漂流、滑冰等。

5. 为水生植物创造生长条件

现代景观提倡以植物造景为主，将生态理念融入水景设计，遵循自然生态循环的规则，创造富有持续发展生命力的水景，提供游赏生态环境。

6. 实用功能

水体的蓄水排洪、疏水防涝、灌溉与消防等功能保证了城市的安全，给工农业、居民生活等提供了最基本的条件。

5.3.2 不同水体的特征及设计要点

根据水流的状态可将水体分为静态水体和动态水体两种。静态水体是指园林中成片状汇聚的水面。常以湖、池等形式出现。它的主要特点是安详、宁静、朴实、明朗，能反映出周围景物的倒影，微波荡漾，水光潋滟，给人以无穷的想象；动态水体是流动的水，具有活力和动感，令人振奋。形式上主要有溪涧、瀑布、跌水、喷水等。动态水体常利用水姿、水色、水声创造活泼、跳跃的水景景观，让人倍感欢快、振奋。

1. 静态水体

1) 湖

湖属于静态的水体，有天然湖和人工湖之分，如图5.39和图5.40所示。湖的特点是水面宽阔平静，具有平远开阔之感。此外，湖还有较好的湖岸线及周边的天际线，“碧波万顷、鱼鸥点水、白帆浮动”是湖的特色描绘。

图5.39 天然湖

图5.40 人工湖

湖的设计要点如下。

(1) 湖的布置应充分利用湖的水景特色。根据造景需要，灵活布置，并无一定之规。

(2) 湖岸处理要讲究“线”形艺术，湖面忌“一览无余”，应采取多种手法组织湖面空间。可通过岛、堤、桥、舫等形成阴阳虚实、湖岛相间的空间分隔，使湖面富于层次变化。同时，水面应接近岸边游人，湖水盈盈、碧波荡漾，易于产生亲切之感。

(3) 开挖人工湖要视基址情况巧作布置。湖的基址宜选择壤土、土质细密、土层厚实之地，不宜选择过于黏质或渗透性大的土质为湖址。如果渗透力过大，必须采取工程措施设置防漏层。

2) 池

池是静态水体。景观中常以人工池出现，其形式多样，可由设计者任意发挥。一般而言，池的面积较小，岸线变化丰富且具有装饰性，水较浅，以观赏为主，现代景观中的流线型抽象式水池更活泼、生动，富于想象。

池可分为自然式水池、规则式水池和混合式水池三种，如图5.41和图5.42所示。池更强调岸线的艺术性，可通过铺饰、点石、配植使岸线产生变化，增加观赏性。

另外，规则式人工池往往需要较大的欣赏空间，要结合雕塑、喷泉共同组景。自然式人工池，装饰性强，要很好地组合山石、植物及其他饰物，使水池融于环境之中。

池的设计要点如下。

(1) 人工水池通常是园林构图的中心。一般可用作广场中心、道路尽端以及和亭、廊、花架、花坛组合形成独特的景观。

(2) 水池布置要因地制宜，充分考虑景观设计现状。大水面宜用自然式或混合式；小水面更宜规则式，尤其是单位庭院绿地。此外，还要注意池岸设计，做到开合有效、聚散得体。

(3) 因造景需要，在池内养鱼或种植花草。应根据植物生长特性配置，植物种类不宜过多。水池深浅依植物生长特性而定。

图5.41　自然式水池

图5.42　规则式水池

水生植物、养鱼与水深关系见表5-6。

表5-6　水生植物、养鱼与水深关系表　　单位：m

项目	水深	备注
立叶-荷花	0.8～1.0	应设置水面种植浮竹圈，以防荷叶长满长池等，池底种植穴土壤厚≥300mm(菖蒲、慈姑、水芋、水花生、浮莲、浮萍)
浮叶-睡莲	0.3～1.0	
飘浮-水生植物(水浮荷等)	0.2～0.8	
水体 自净	≥1.0～1.5	
划船	1.5～3.0	
养鱼(有池底)	0.6～0.8	
养鱼(无池底)	1.5	

2．动态水体

1) 溪涧

溪涧是模拟自然界溪流，连续的带状动态水体，如图5.43和图5.44所示。溪浅而阔，水沿滩泛漫而下，轻松愉快，柔和随意；涧深而窄，水量充沛，水流急湍，扣人心统。溪涧的基本特点：溪涧曲折狭长的带状水面，有明显的宽窄对比，溪中常设挡水石、汀步、小桥等。

溪涧的设计要点如下。

(1) 景观中溪涧的设计讲究师法自然，平面上要求蜿蜒曲折，对比强烈；立面上要求有缓有陡，空间分隔开合有序，整个带状游览空间层次分明、组合合理、富于节奏感。

(2) 布置溪涧，多是在瀑布或涌泉下游形成的，溪岸高低错落，充分利用水姿、水色和水声。平坦基址设计溪涧有一定难度，但通过一定的工程措施也可再现自然溪流。

(3) 通过溪水中散点山石能创造水的流态；流水清澈晶莹，且多有散石净砂，配以绿草翠树，方能体现水的姿态和声响。

(4) 可设计沼泽植物过渡区，间养红鲤可供观赏。

(5) 坡度设计根据地理条件及排水要求而定。普通溪流坡度宜为0.5%，急流处为3%左右，缓流处不超过1%。溪流宽度宜在1～3m，溪流水深一般为0.3～1m，分为可涉入式和不可涉入式，可涉入式水深应小于0.3m，以防止儿童溺水，同时水底应做防滑处理；不可涉入式水深超过0.4m时应在溪流边做好石栏、木栏、矮墙等防护措施。

图5.43 溪涧(一)

图5.44 溪涧(二)

2) 瀑布

瀑布属动态水体，有天然瀑布和人工瀑布之分。天然瀑布是由于河床突然陡降形成落水高差，水经陡坎跌落，形成千姿百态、优美动人的壮观景色。人工瀑布是以天然瀑布为蓝本的，通过工程手段而修建的落水景观。瀑布一般由上游水源、落水口、瀑身和承水潭四部分构成(图5.45、图5.46)。

景观良好的瀑布具有以下特征：一是水流经过的地方常由坚硬扁平的岩石构成，瀑布边缘轮廓清晰可见；二是瀑布口多为结构紧密的岩石悬挑而出，上游积聚的水(或水泵提水)流至落水口(堰口)倾泻而下，堰口其形状和光滑度影响到瀑布水态及声响，瀑身是观赏的主体；三是瀑布落水后接承水潭，潭周有被水冲蚀的岩石和散生湿生植物。

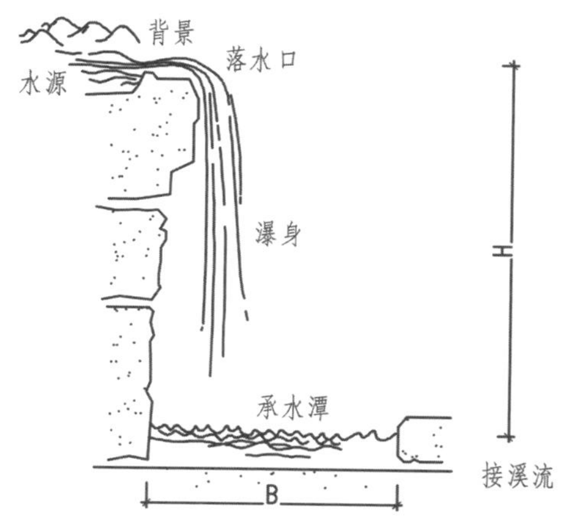

图5.45 瀑布模式及瀑身落差高度与潭面宽度的关系

图5.46 人工瀑布

瀑布设计要点如下。

(1) 瀑布设计必须有足够的水源作为保证。瀑布的水源有三种：一是利用天然水位差，这种水源要求基地范围内有泉水、溪、河道；二是直接利用城市自来水，但投资成本高；三是水泵循环供水，是较经济的一种给水方法。

(2) 瀑布设计要与环境相协调，瀑身设计要注意水态景观。不宜将瀑布落水作等高、等距或一直线排列，要使流水曲折、分层分段流下，各级落水有高有低。石头接缝要隐蔽，不露痕迹。有时可利用山石、树丛将瀑布泉源遮蔽以求自然之趣。

(3) 瀑布堰口处理是瀑布造型的关键，为保证瀑布效果，要求堰口水平光滑。以下3种方法能保证较好的出水效果：堰唇采用青铜或不锈钢；增加堰顶蓄水池水深；在出水管口处加挡水板，降低流速，流速以不超过0.9～1. 2m/s为宜。

(4) 结构设计中凡瀑布流经的岸石缝隙都必须封死，以免泥土冲刷入潭中，影响瀑布水质。

(5) 瀑布承水潭宽度至少应是瀑布高的2/3，即B = 2/3 H(图5.45)，且保证落水点为池的最深部位，以防水花溅出。

3) 跌水

跌水是指水流从高向低呈台阶状逐级跌落的动态水景(图5.47、图5.48)。在地形坡面陡峻，水流经过时容易对无护面措施的下游造成激烈的冲刷，在此处设计跌水，可减缓对地表冲刷，同时也形成了极具韵味的落水景观。跌水的形式多种，一般将分为单级式跌水、二级式跌水、多级式跌水、悬臂式跌水和陡坡跌水。

多级跌水是由进水口、胸墙、消力池及下游溪流组成，如图5.49所示。进水口是经供水管引水到水源的出口，应通过某些工程手段使进水口自然化，如配饰山石。胸墙也称跌水墙，它能影响到水态、水声和水韵。胸墙要求坚固、自然。消力池即承水池，其作用是减缓水流冲击力，避免下游受到激烈冲刷。消力池长度也有一定要求，其长度应为跌水高度的1.4倍。连接消力池的溪流应根据环境条件设计。

图5.47 跌水(一)

图5.48 跌水(二)

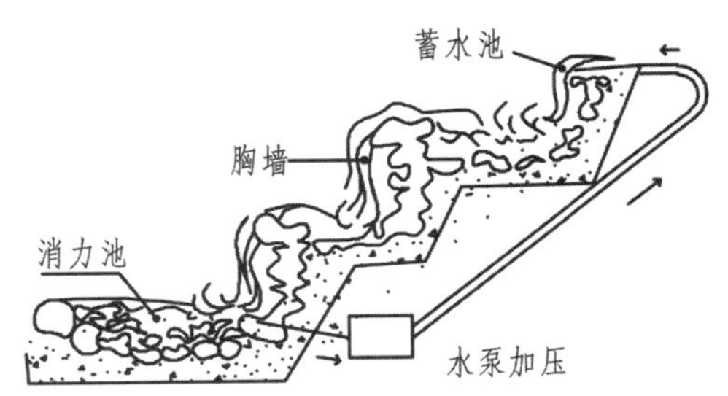

图5.49 多级跌水

跌水设计要点如下。

(1) 设计跌水首先应分析地形条件，重点着眼于地势高差变化，水源水量情况及周围景观空间等，其选址是易被冲刷或景致需要的地方。

(2) 确定跌水的形式。水量大，落差单一，可选择单级跌水；水量小，地形具有台阶状落差，可选多级式跌水。

(3) 跌水应结合泉、溪涧、水池等其他水景综合考虑，并注意利用山石、树木、藤萝隐蔽供水管、排水管，增加自然气息，丰富立面层次。

4) 喷泉

喷泉是由压力水喷出后形成各种动态水景，起到装饰和渲染环境的作用。喷泉有天然喷泉和人工喷泉之分。这些喷泉设计主题各异，与规则喷水池及各式各样的雕塑相结合，成为西方喷泉设计的古典模式(图5.50～图5.52)。

喷泉设计要点如下。

(1) 喷泉设计选址宜在人流集中之处。轴线的端点、交点，建筑物前，广场中心，花坛组群等处均可设置，有时设置一些装饰性强的小型喷泉以营造气氛。

(2) 喷泉设计主题和形式应与环境相协调，主题式喷泉要求环境能提供足够的喷水空间和联想空间，使人通过喷泉的艺术联想，感到精神振奋、心情舒畅。

(3) 装饰性喷泉要有一定的背景空间方能起到装饰效果。与雕塑组景的喷泉，常需开朗的草坪和精巧简洁的铺装衬托。庭院、室内空间和屋顶的喷泉小景，衬以山石、草灌花木为宜。节日用的临时性喷泉则要用艳丽的花卉或醒目的装饰物为背景，使人倍感节日的欢乐气氛。

图5.50
图5.51
图5.52

图5.50　西方古典模式喷泉

图5.51　壁式喷泉

图5.52　雕塑喷泉

(4) 喷泉的水姿和高度因喷头形状及工作水压而异，根据喷头所设置的位置不同出水形态也会有所不同，如图5.53所示。

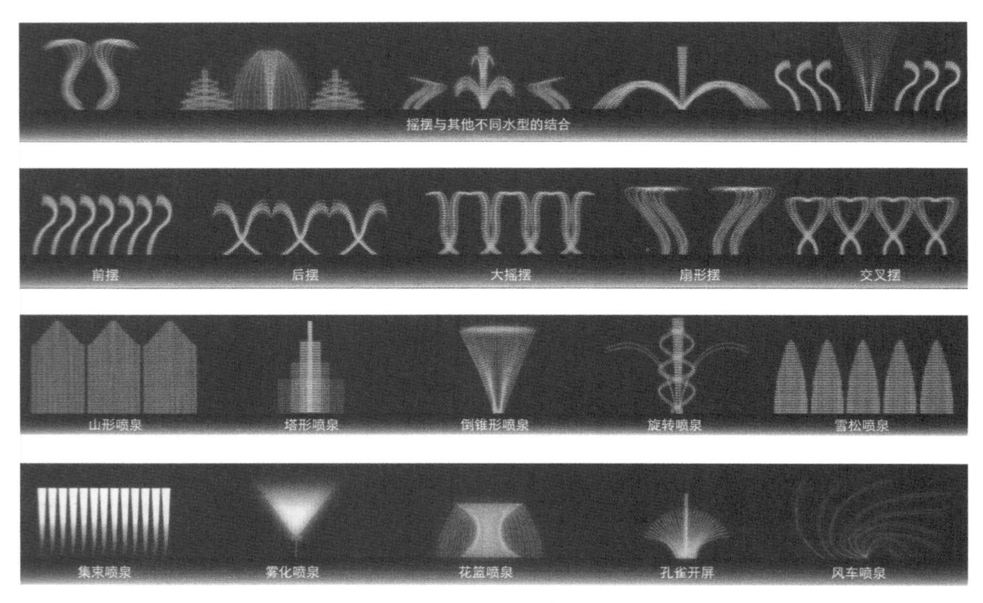

图5.53 喷泉基本水形

5.3.3 驳岸与护坡特征及设计要点

景观中的各种水体需要有稳定、美观的岸线，用来维系陆地与水面的界限，使其保持一定的比例关系，防止水岸坍塌而影响水体，因而应进行驳岸与护坡处理。

1. 驳岸

驳岸是正面临水的挡土墙，是用来支撑后面的陆地土壤和防止岸壁坍塌的水工构筑物(图5.54、图5.55)。通常水体岸坡受水冲刷的程度取决于水面的大小、水位高低、风速及岸土的密产度等。因而，要沿岸线设计驳岸以保证水体坡岸不受冲刷。还可通过不同形式处理增加驳岸的变化，丰富水景立面层次，增强景观艺术效果。按照驳岸的造型形式可分为规则式驳岸、自然式驳岸和混合式驳岸3种。

图5.54 驳岸(一)

图5.55 驳岸(二)

驳岸设计要点如下。

(1) 砌石驳岸的常见构造，它由基础、墙身和压顶三部分组成(图5.56)。基础是驳岸承重部分，并通过它将上部重量传给地基。因此，驳岸基础要求坚固，埋入湖底深度不得小于50cm，基础宽度应视土壤情况而定。墙身是基础与压顶之间的部分，承受压力最大，包括垂直压力、水的水平压力及墙后土壤侧压力。压顶为驳岸最上部分，宽度为30～50cm，用混凝土或大块石做成。其作用是增强驳岸稳定，美化水岸线，阻止墙后土壤流失。如果水体水位变化较大，为满足景观要求，可将岸壁迎水面做成台阶状，以适应水位的升降。

(2) 桩基驳岸是我国古老的水体基础作法，当地基表面为松土层且下层为坚实土层或基岩时最宜用桩基。它由桩基、卡当石、盖桩石、混凝土基础、墙身和压顶等几部分组成(图5.57)。其木桩要求耐腐、耐湿、坚固、无虫蛀。桩木的规格取决于驳岸的要求和地基的土质情况，一般直径10～15cm，长1～2m。桩木排列一般布置成梅花桩、品字桩、马牙桩，如图5.58所示。梅花桩、品字桩的桩距约为桩径的2～3倍，即5个桩/m²；马牙桩要求桩木排列紧凑，必要时可增加排数。

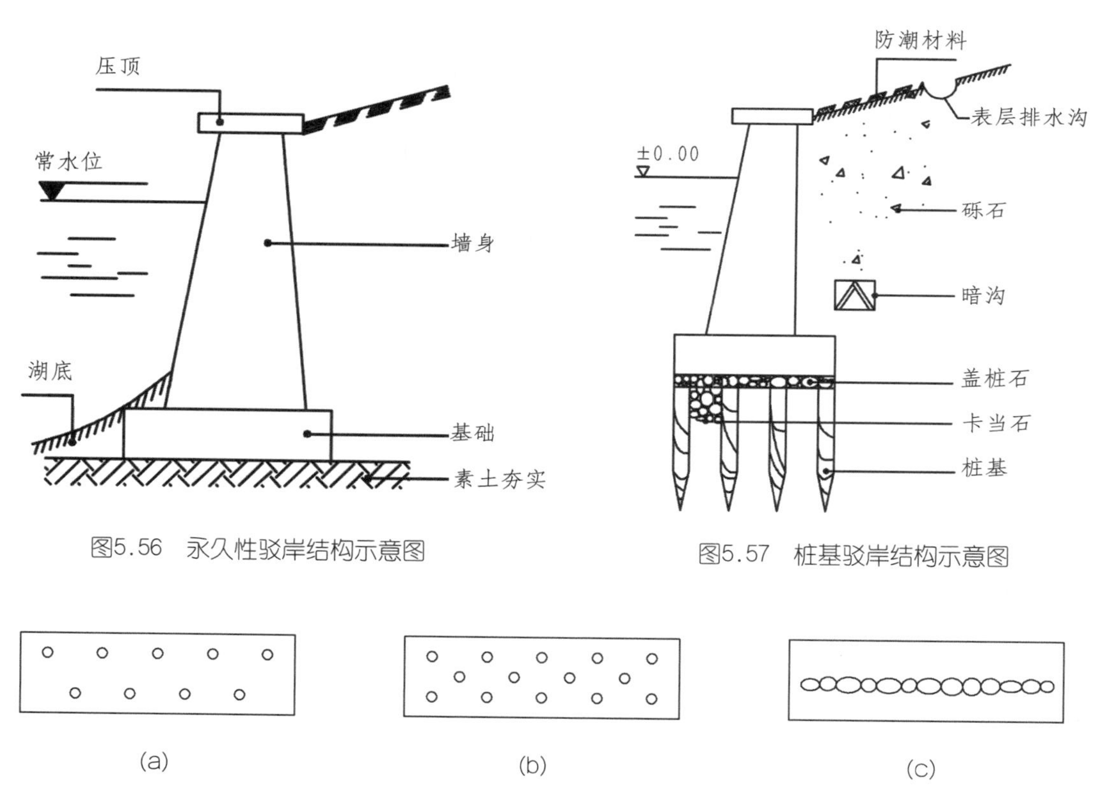

图5.56 永久性驳岸结构示意图

图5.57 桩基驳岸结构示意图

图5.58 几种常见桩基排列类型

(a) 品字形桩；(b) 梅花形桩；(c) 马牙形桩

2. 护坡

护坡是保护坡面防止雨水径流冲刷及风浪拍击的一种水体措施。河岸湖边为了表现其自然性，不做驳岸，而是改用斜坡伸入水中进行护坡处理，以防止滑坡、减少地面水和风浪的冲刷，保证岸坡稳定。护坡的选择根据坡岸用途、构景透视效果、水岸地质状况和水流冲刷程度而定，目前常见的方法有草皮护坡、灌木护坡和块石护坡（图5.59、图5.60）。

图5.59　草皮护坡

图5.60　块石护坡

护坡设计要点如下。

(1) 草皮护坡适于坡度在1:5～1:20之间的湖岸缓坡。要求草种耐水湿，根系发达，生长快，生存力强。护坡做法按坡面具体条件而定，可直接利用原有坡面的杂草护坡，也可直接在坡面上播草处加盖塑料薄膜；最为常见的是块状或带状种草护坡，铺草时沿坡面自下而上成网状铺草，用木方条分隔固定，稍加压踩。若要增加景观层次、丰富地貌、加强透视感，可在草地点缀山石，配以花灌木。

(2) 灌木护坡较适于大水面平缓的坡岸。由于灌木有韧性、根系盘结、不怕水淹，能削弱风浪冲击力，减少地表冲刷，护岸效果较好。护坡灌木要具备速生、根系发达、耐水湿，株矮常绿等特点，可选择沼生植物护坡。若因景观需要，强化天际线变化，可适量植草和乔木(图5.61)。

(3) 当坡岸较陡，风浪较大或因造景需要时，可采用块石护坡，包括花岗岩、砂岩、砾岩、板岩等，以块径18～25cm，边长比1:2的长方形石料最好。块石护坡由于施工容易，抗冲刷力强，经久耐用，护岸效果好，是景观常见的护坡形式。

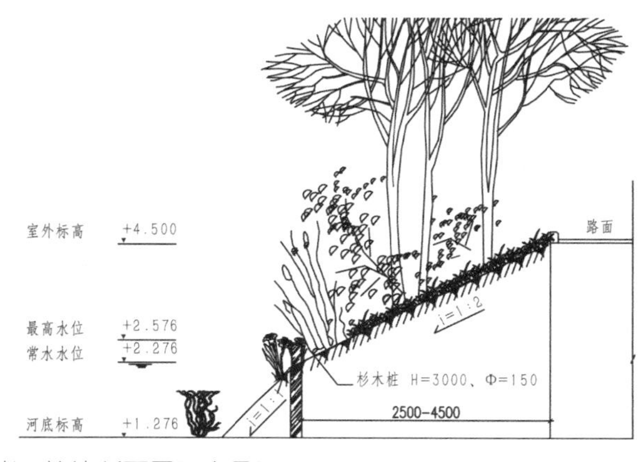

图5.61　自然式驳岸、护坡断面图及实景照片

5.3.4 生态浮岛特征及设计要点

生态浮岛又称人工浮岛、生态浮床、生物浮岛、生物浮床，是利用竹子、泡沫、木头、废旧轮胎等浮力大的材料所扎成的浮床，以其为种植床而栽植植物所形成的“生态岛”，利用生态工学原理，降解水中的COD、氮、磷的含量。生态浮岛因具有净化水质、创造生物(鸟类、鱼类)的生息空间、改善景观、消波等综合性功能，在水位波动大的水库或因波浪的原因难以恢复岸边水生植物带的湖沼或是在有景观要求的池塘等闭锁性水域得到广泛的应用，人工浮岛可分为干式和湿式两种(图5.62、图5.63)。

图5.62　干式浮岛

图5.63　湿式浮岛

生态浮岛设计要点如下。

(1) 干式浮岛：因植物与水不接触，由于植株根系不接触水体，干式浮岛没有直接的水体处理能力，在美化环境的同时，构成良好的鸟类生息场所。

(2) 湿式浮岛：使移栽植物与水体直接接触，可直接利用水体中的氮磷营养物质。湿式浮岛又可分为有框架式和无框架式两种。无框架式的植物可以在浮岛上比较自由地生长，例如用椰子纤维、棕网编制，还有直接利用某些植物根系或根状茎的相互牵连作用而在水面上形成一片生物浮床。有框式湿式浮岛可利用多种材质，如聚苯泡沫板、竹子、木头等，但泡沫本身属于白色污染，目前基本已经没有应用。现在多用竹子或木条做的浮岛，具有结构牢固、抗腐蚀、抗老化、浮力大、材料易得、制作步骤简单、造价低廉等优点。

5.3.5 水体的基本构造

水体的基本构造如图5.64所示。

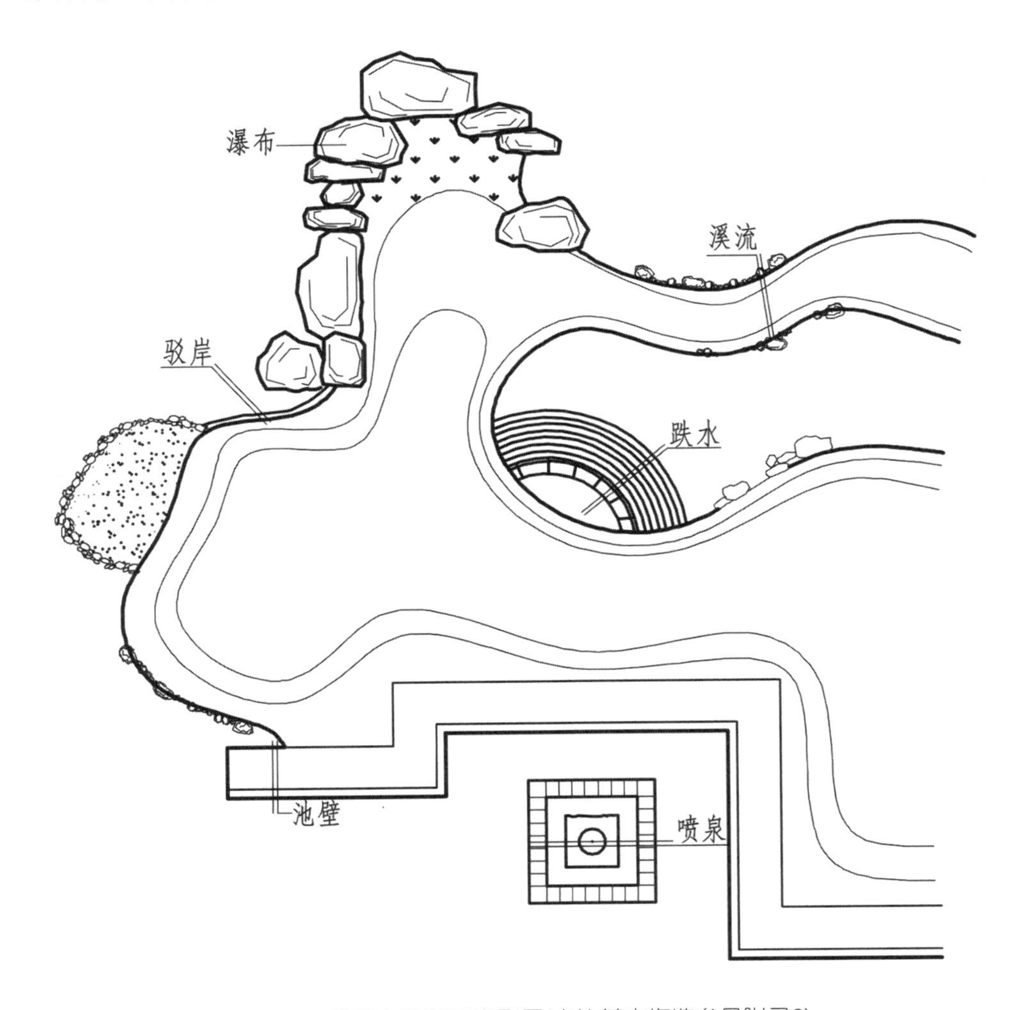

图5.64 常用水体平面索引图(水体基本构造参见附录2)

5.3.6 水体的设计实例

水体的设计实例如图5.65和5.66所示。

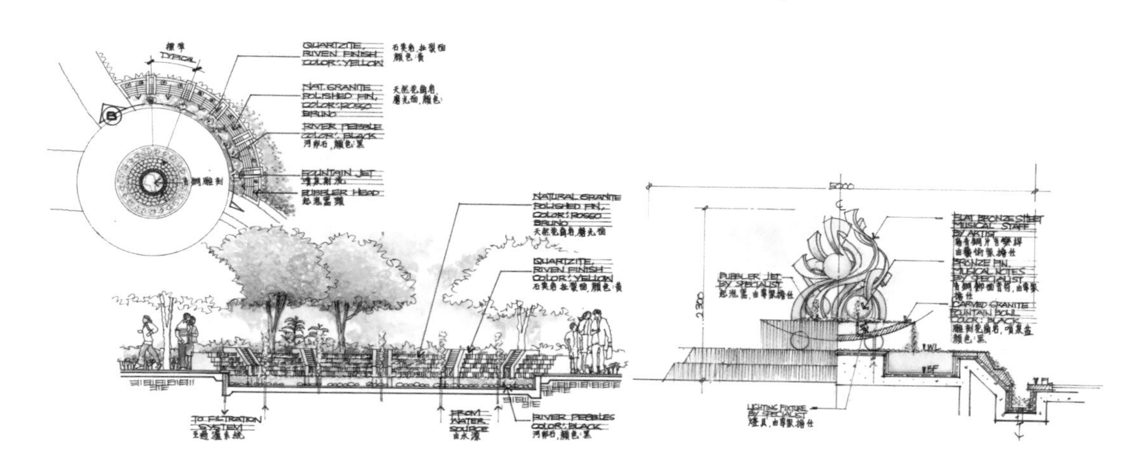

图5.65 水体方案及扩初设计

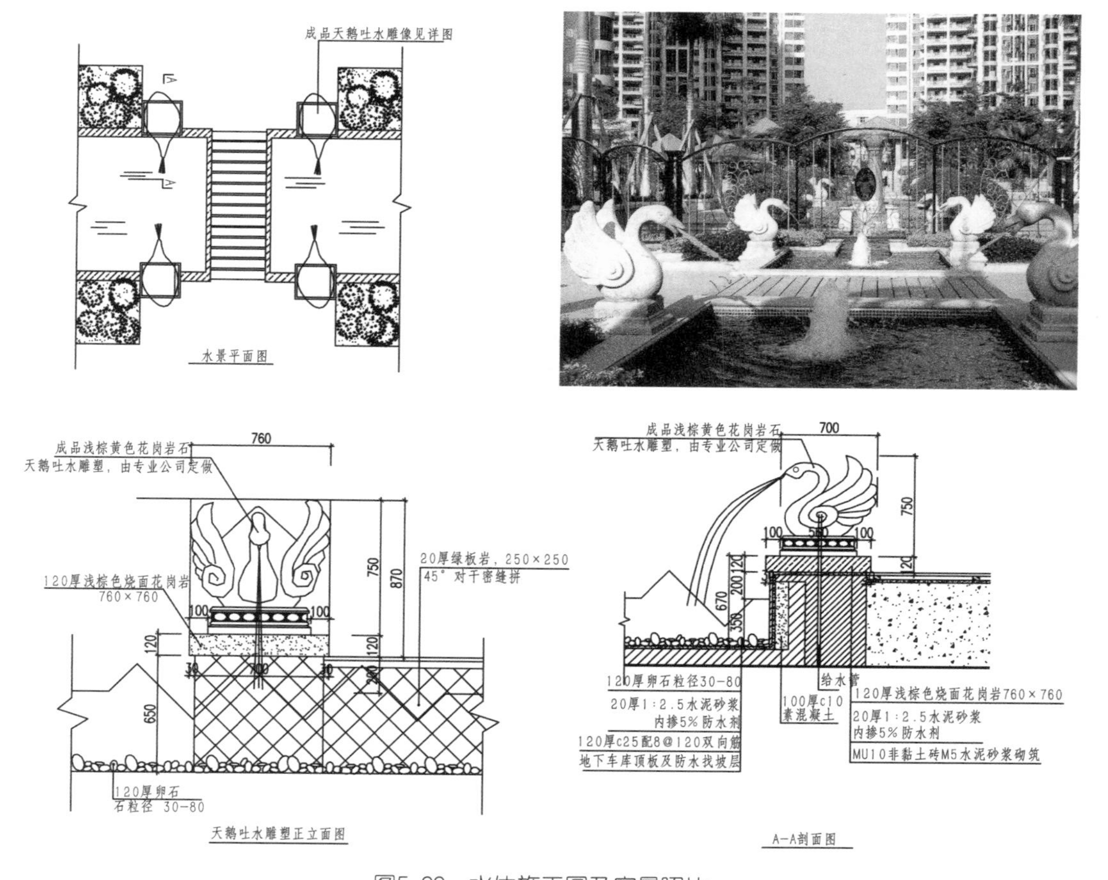

图5.66 水体施工图及实景照片

5.3.7 水体设计案例赏析

水体设计案例如图5.67~图5.75所示。

图5.67	图5.68	图5.69
图5.70	图5.71	图5.72
图5.73	图5.74	图5.75

图5.67 居住区水池

图5.68 溪涧(一)

图5.69 溪涧(二)

图5.70 多级瀑布

图5.71 阶梯式瀑布

图5.72 跌水

图5.73 广场中的旱喷泉

图5.74 雕塑喷泉

图5.75 喷泉与墙体结合

5.4 山石

本节引言：

“水以山为面”，“水得山而媚”，山者“天地之骨也，骨贵坚深而不浅露”。因而，景观设计中无山难以成景。点石成景、独山构峰、嵌理壁岩、旱地、依水堆筑假山的艺术手法创作出“多方胜景，咫尺山林”的景观艺术。

5.4.1 山石分类及设计要点

1. 假山石

假山石也称假山，是以真石(如太湖石)堆砌而成的景观体，经计算确定，可以上人活动。其设计要点如下。

(1) 经结构计算用天然石材进行人工堆砌再造。分观赏性假山和可攀登假山，后者必须采取安全措施。

(2) 居住区叠山置石的体量不宜太大，构图应错落有致，选址一般在居住区入口、中心绿化区。

(3) 适应配置花草、树木、水流。

2. 人造山石

人造山石也称塑山或塑石，是以钢构件作支撑体，外包钢丝网、喷抹纤维砂浆等塑造而成的景观山体、景观石，不可上人和另加活荷载。其设计要点如下。

(1) 人造山石采用钢筋、钢丝网或玻璃钢作内衬，外喷抹水泥做成石材的纹理褶皱，喷色后似山石和海石，喷色是仿石的关键环节。

(2) 人造石以观赏为主，在人经常蹬踏的部位需要加厚填实，以增加其耐久性。

(3) 人造山石覆盖层下宜设计为渗水地面，以利于保持干燥。

5.4.2 山石的设计实例

山石的设计实例如图5.76~图5.77所示。

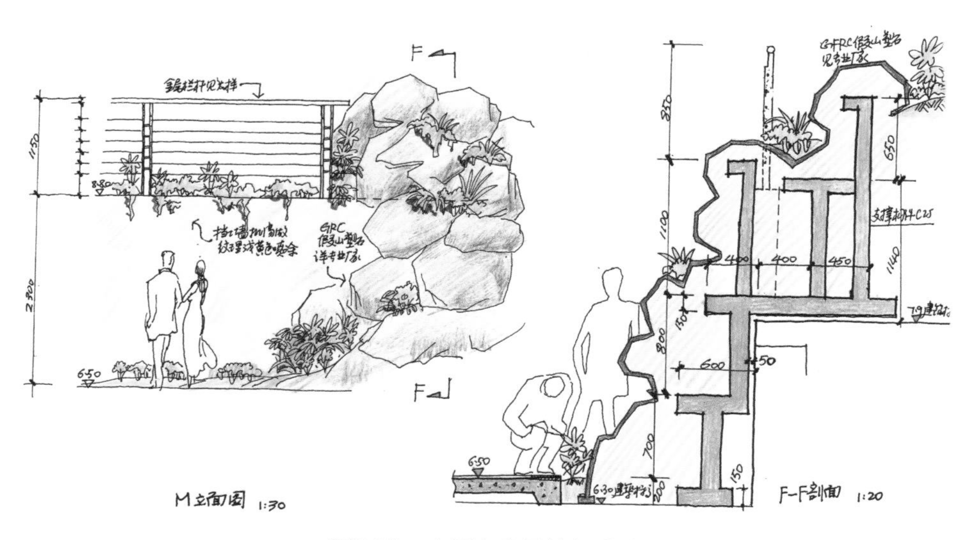

图5.76 山石方案及扩初设计

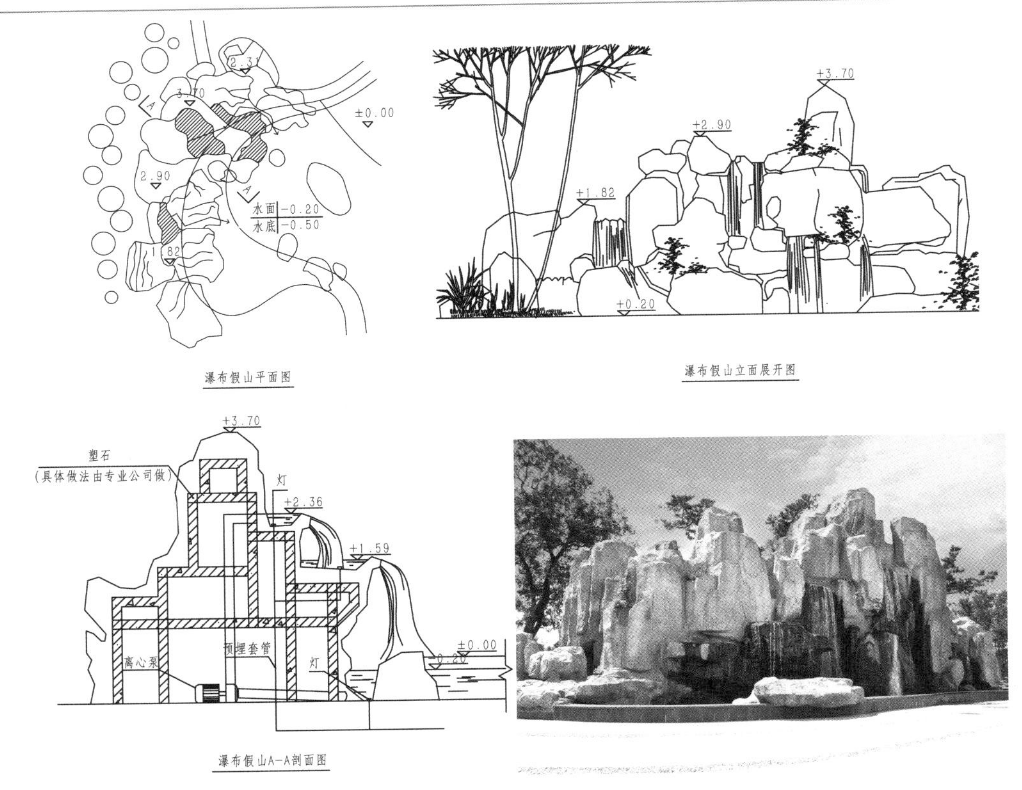

图5.77　瀑布假山施工图及实景照片

本章思考题

■ 自然景致设计应注意哪些问题?

■ 自然景致在景观设计中如何应用?

■ 观察生活中不同场地自然景致如何设计，并进行归纳、整理。

作业练习

■ 某居住区组团绿地拟布置一组景点，结合已知场地现状进行设计，要求以自然景致造景与组织空间，并对其做深层次意义的理解和表达，设计说明在300字以内。

■ 设计内容及图纸要求：总平面图，比例1:100；选择两处自然景致作详细的平、立、剖面图及详细的尺寸材料标注（比例自定）；图纸尺寸A3。

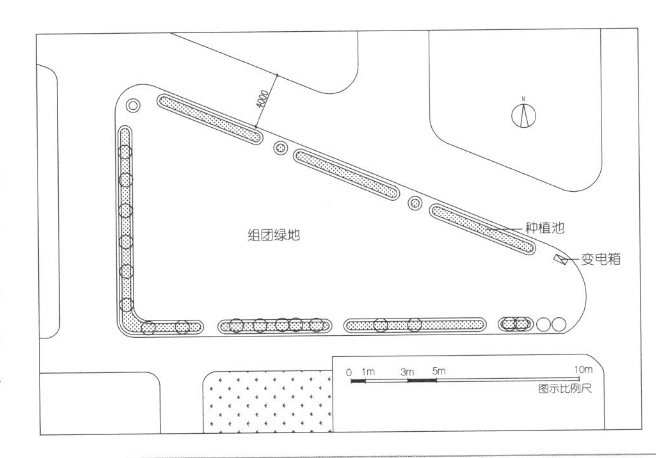

第6章 城市家具设计及实例

教学目标和要求

目标：通过该课程设计，了解城市家具的表达方式、设计要点及在环境中的地位和作用，引导学生对景观设计中城市家具的关注和思考，进行城市家具设计。

要求：通过城市家具设计及施工的具体讲述和实例分析，让学生灵活运用设计知识，进行概念设计。要求造型独特，结合城市特点，富有文化内涵，并构思好草图后分组讨论，相互提问修改。

本章要点

◆ 各种城市家具的功能作用。

◆ 不同城市家具的分类及设计要点。

◆ 城市家具在景观设计中的具体方法。

本章引言

城市家具是市民生活中触手可及的服务型小品设施，可以认为是一个地区、一个国家的文明程度的标志之一，直接影响到空间环境的质量和人们的生活，包括座椅、种植容器、灯具、标识牌、垃圾箱、饮水器、公交站台、雕塑等，具有服务大众功能的实用型小品。

6.1 座椅

本节引言：

座椅是城市景观中应用比较广泛的观赏实用型设施。人们无论是休憩、交谈、观赏都离不开座椅这个介质，它的造型、色彩、质感、结构的设计能表现出环境内的特定气氛，是场所功能性以及环境质量的重要体现。

6.1.1 座椅的功能作用

1．为游人提供休息、赏景的空间

在湖边池畔、花间林下、广场周边、园路两侧设置园椅，可以给人们提供欣赏山水景色、树木花草的空间；在小游园、街头绿地中设置园椅则可供人们进行较长时间的休息(图6.1、图6.2)。

图6.1 花间林下座椅

图6.2 广场周边座椅

2．点缀环境、烘托气氛

座椅以简洁自然的造型可以增添生活情趣，使城市景观更加丰富。座椅与花坛的结合则可创造一个相对私密的休闲空间(图6.3)。

图6.3 座椅与花坛的结合

6.1.2 座椅的设计要点

(1) 座椅的尺寸要求：连座型座椅常以3人为额定形态，长度约 2m 左右，又分为单面座、双面座和多面座椅不同类型；单座型座椅尺寸可根据要求与人体数据略有不同，一般座面宽度为 40～50cm，深度30～45cm，座面高度为 38～40cm，附设靠背高度为 35～40cm，座面倾斜度为5°以内，靠背倾斜度98°～105°为宜。若作为游乐园、广场等处的休息椅并兼作止步障碍物使用时，其尺寸可略小些，通常高度可定为30～60cm，宽度 20～30cm，深度 15～25cm。座椅前沿的高度一般不大于脚底到膝盖弯曲处的距离，一些特殊设计除外。

(2) 休息座椅的设置方式应满足人的活动规律和心理需求。在座椅的周围形成一个领域，让休息者在使用时有安全感和领域感，一般以背靠花坛、树丛或矮墙，面朝开阔地带为宜，构成人们的休息空间。不同座椅形式对使用行为的影响，如图6.4所示。

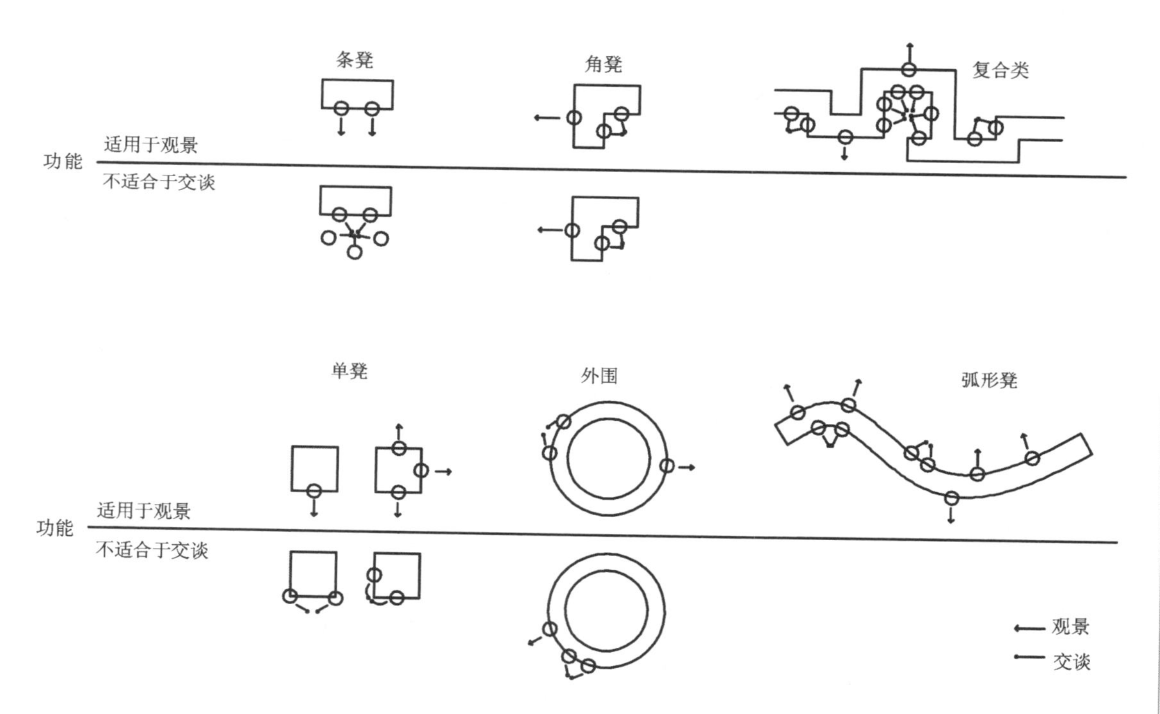

图6.4 座椅的布置与景观功能

(3) 座椅应结合植物、雕塑、花坛、水池设计成组合体，并充分考虑与周围环境和其他设施的关系，形成一个整体，做到与场所环境气氛的和谐。

(4) 材料的选择必须满足防腐蚀、耐候性能、不易损坏等基本条件，要坚固耐用，经得起风吹雨打和人们的频繁使用，还需具备良好的视觉效果。设计时要根据使用功能要求和具体空间环境选用匹配的材料与工艺。

(5) 座椅的空间布置必须配合其功能和所处环境进行考虑，如图6.5所示。它的设置一般选择在人们需要休息、环境较好、有景可观的地方。

园路两旁设园椅，宜交错布置，可将视线错开，忌正面相对。

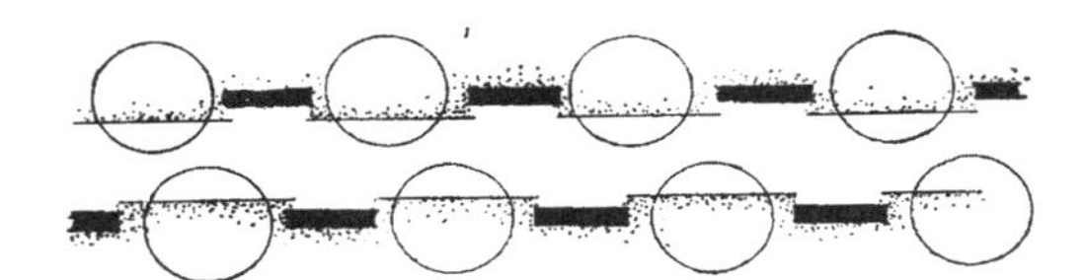

路旁园椅，不宜紧贴路边设置，需退出一定距离，以免妨碍人流交通。

园路旁设置园椅，宜构成袋形地段，并以植物种植作适当隔离，形成较安静的环境。

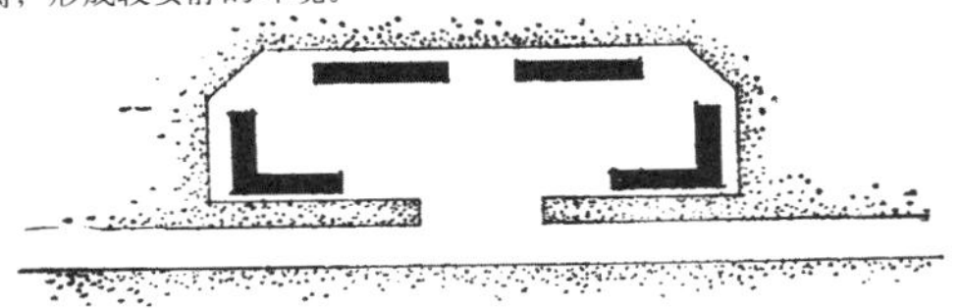

园路旁设置园椅，背向园路或辟出小段支路，可避免人流及视线干扰。

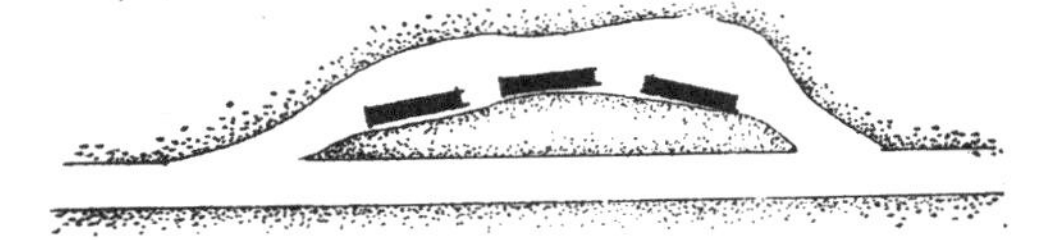

对规则式小广场，宜在同边布置园椅，有利于形成中心景物，并保证人流通畅。

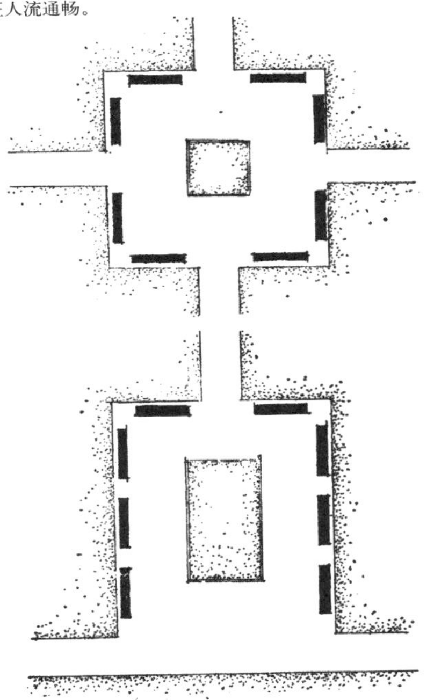

园路转弯处、设置园椅、辟出下空间，可缓冲人流。

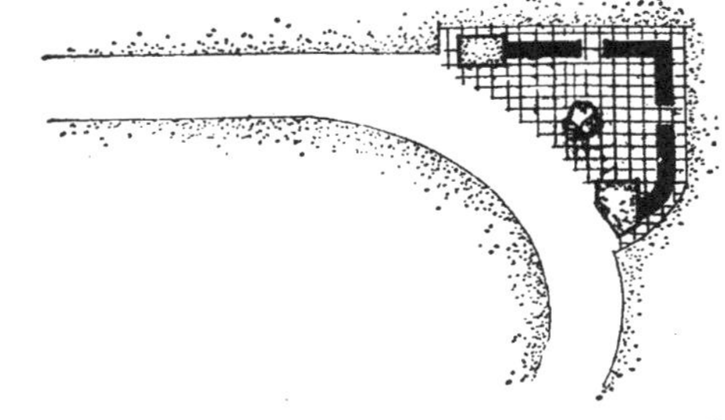

园路转尽端设置园椅，可形成各种活动聚会空间或构成较安静空间，不受游人干扰。

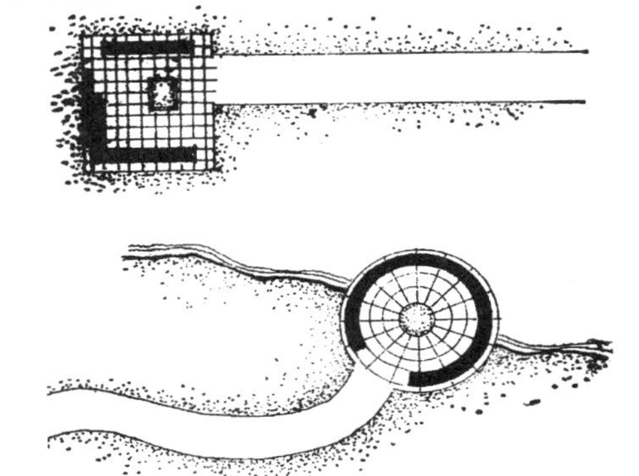

不规则式小广场，设置园椅应考虑广场的形状而设置，同时考虑景物，座椅及人流路线的协调，形成自由活泼的空间效果。

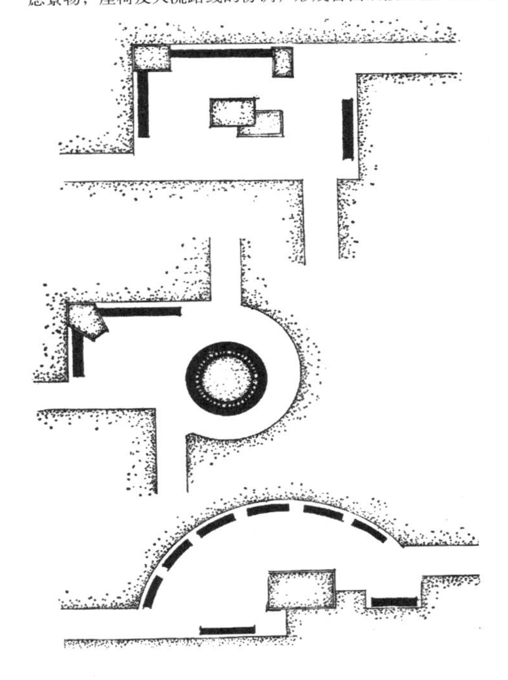

图6.5　座椅的空间布置

6.1.3 座椅设计实例

座椅设计实例如图6.6所示。

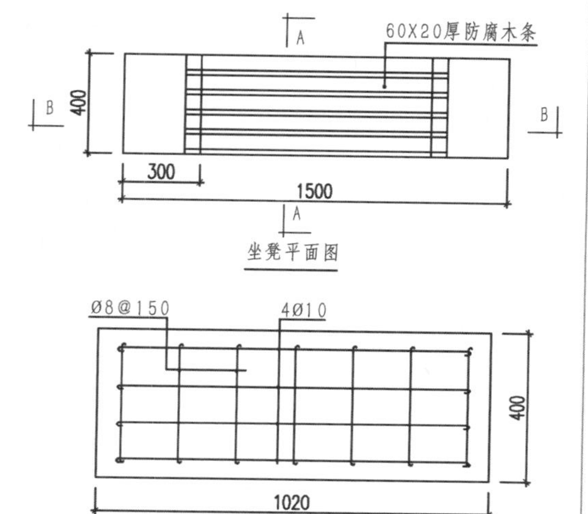

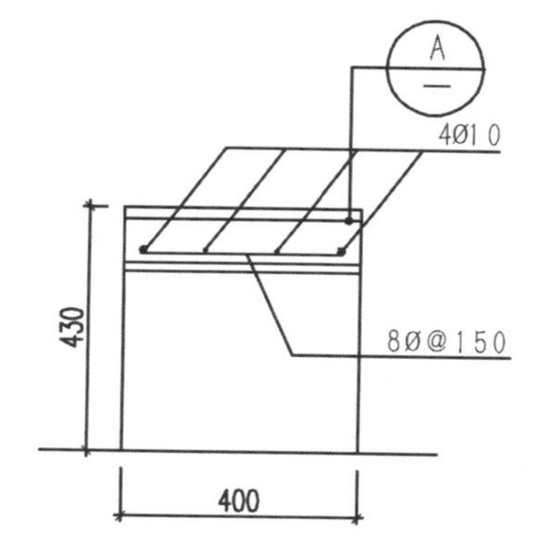

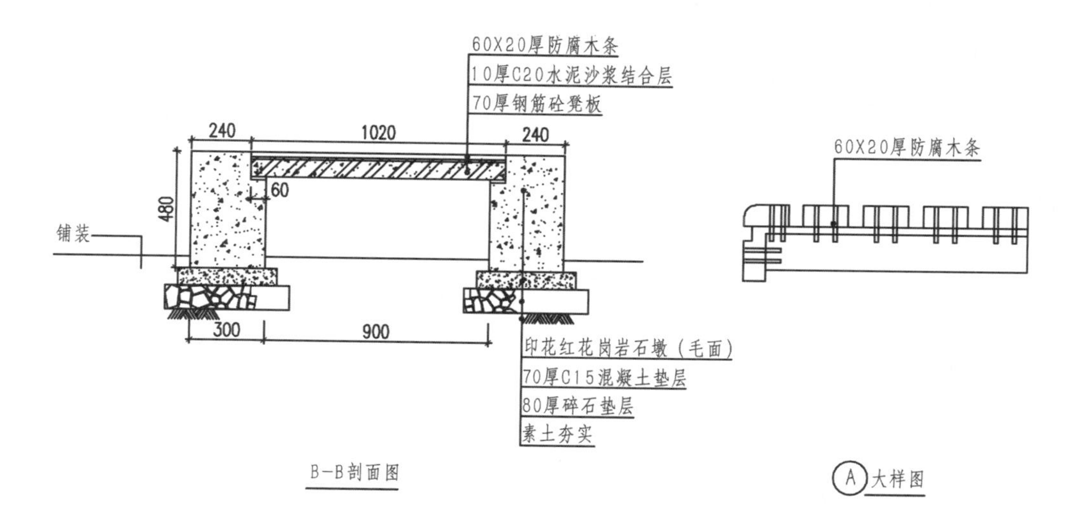

图6.6 座椅施工图及实景照片

6.1.4 座椅案例赏析

座椅案例如图6.7~图6.12所示。

图6.7 钢筋混凝土树枝座椅

图6.8 喷砂防水混凝土座椅

图6.9 可倾斜的椅背

图6.10 暖色调木质方块座椅

图6.11 附带休息桌的长椅

图6.12 单色雕塑式座椅

6.2 种植容器

本节引言：

种植容器包括花盆、花坛、树池及树池箅，它们是景观设计中传统种植器的一种形式，有可移动式、固定式和组合式，能巧妙地点缀环境，烘托气氛。

6.2.1 种植容器具的分类及特征

种植容器具的分类及特征见表6-1和如图6.13、图6.14所示。

表6-1 种植容器类型及特征

类型	特征
花盆、花坛	预制装配，可以搬卸、堆叠、拼接。地形起伏处还可顺地势做成台阶形跌落式，有时也便于临时集装，举办花展
树池、树池箅	树池是树木移植时根球所需的空间，一般由树高、树径和根茎的大小决定。一般有方形、圆形、正多边形，需要时还可拼合。树池箅是树根部的保护装置，它既可保护树木根部免受践踏，又便于雨水的渗透和步行人的安全。可在种植穴上设置诸如多孔的种植穴盖板或散点湖石，砖石镶边等，同时有利于雨水下渗、生态平衡

图6.13 台阶形跌落式花坛

图6.14 方形树池

6.2.2 种植容器的设计要点

(1) 花盆的尺寸应适合所栽种植物的生长特性，有利于根茎的发育，一般可按照以下标准选择：花草类盆深20cm以上，灌木类盆深40cm以上，中木类盆深45cm以上。

(2) 花盆用材，应具备有一定的吸水保温能力，不易引起盆内过热和干燥。花盆可独立摆放，也可成套摆放，采用模数化设计能够使单体组合成整体，形成大花坛。

(3) 花盆用种植土，应具有保湿性、渗水性和蓄肥性，其上部可铺撒树皮屑作覆盖层，起到保湿装饰作用。任何种植容器都必须做通畅的排水渠道。

(4) 树池深度至少深于树根球以下25cm。

(5) 树池箅应选择能渗水的石材、卵石、砾石等天然材料，也可选择具有图案拼装的人工预制材料，如铸铁、混凝土、塑料等，具体尺寸见表6-2。这些种植穴宜做成格栅装盖板，并能承受一般的车辆荷载。

表6-2 树池及树池箅尺寸

树高	树池尺寸/m		树池箅尺寸(直径)/m
	直径	深度	
3m左右	0.6	0.5	0.75
4～5m	0.8	0.6	1.2
6m左右	1.2	0.9	1.5
7m左右	1.5	1.0	1.8
8～10m	1.8	1.2	2.0

6.2.3 种植容器设计实例

种植容器设计实例如图6.15和图6.16所示。

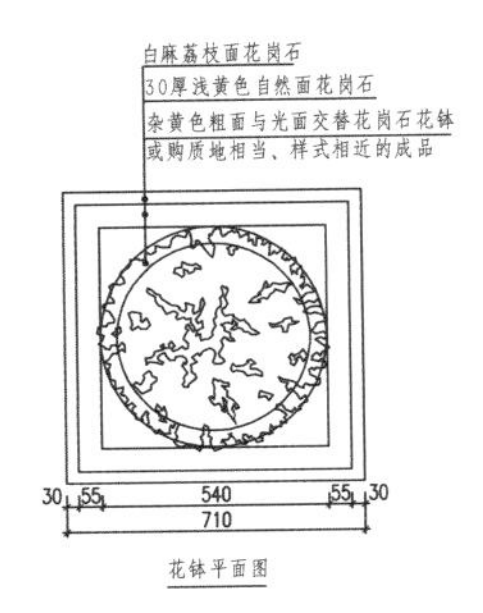

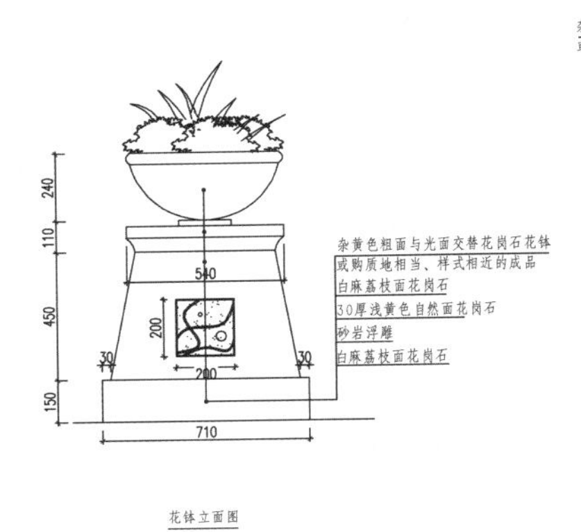

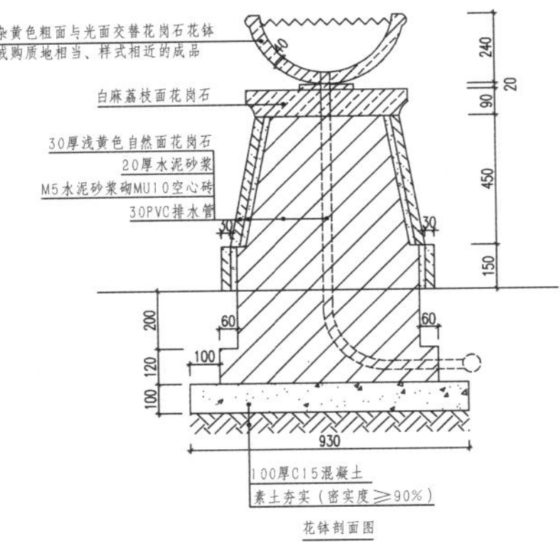

图6.15 种植容器(一)施工图及实景照片

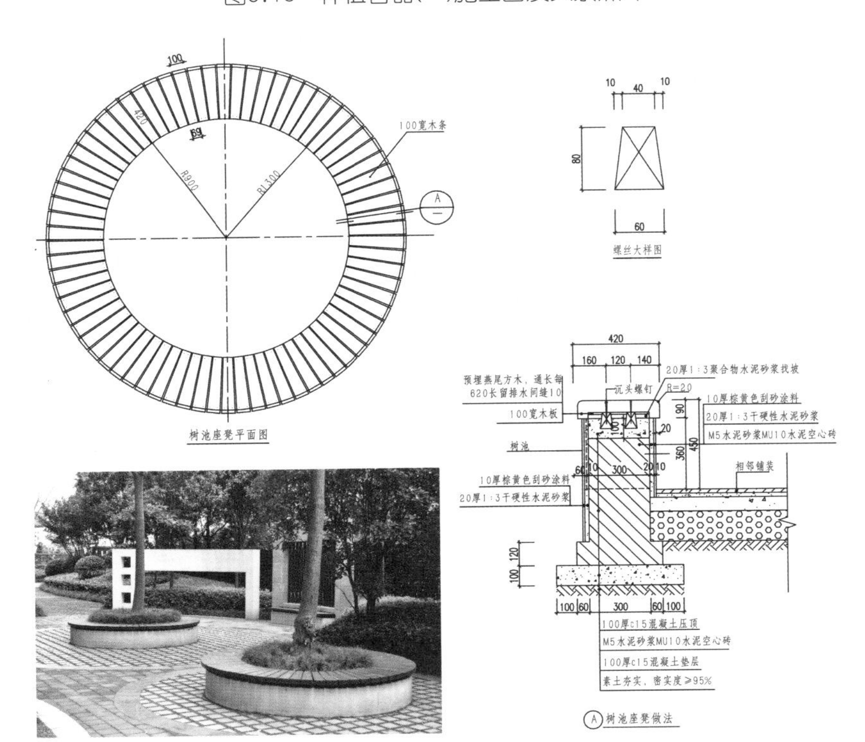

图6.16 种植容器(二)施工图及实景照片

6.2.4 种植容器案例赏析

种植容器案例如图6.17～图6.22所示。

图6.17 组装式种植容器

图6.18 种植容器与地形结合

图6.19 种植容器与座椅结合

图6.20 组合种植容器

图6.21 树池箅(一)

图6.22 树池箅(二)

6.3 灯具

本节引言：

城市景观的照明灯具是用来固定和保护光源的，并调整光线的投射方向。灯具既要保证晚间游览活动的照明需要，又要以其美观的造型装饰环境，为城市景观增添生气。

6.3.1 灯具的功能作用

(1) 装饰性：灯具具有点缀、装饰城市环境的功能。

(2) 功能性：灯具设计可以满足照明要求，为人们的夜间活动提供安全保证。

(3) 灯光可以衬托各种景观气氛，使城市环境更富有诗意。绚丽明亮的灯光，可使城市景观气氛更为热烈、生动、欣欣向荣、富有生机，而柔和、轻微的灯光则会使城市景观更加宁静、舒适、亲切宜人。

6.3.2 灯具的类型及特征

灯具类型多样，常用的景观照明按灯的高度可分为5种(表6-3)。

表6-3　灯具类型及特征

类型	特征
高杆灯	采用强光源，光线均匀投射道路中央、利于车辆通行。高度4～12m，间距10～50m
庭院灯	外形优美，容易更换光源，具有美化和装饰环境的特点。高度1～4m
草坪灯	灯光柔和、外形小巧玲珑，充满自然意趣，高度0.3～1m
地面灯	含而不露，为游人引路并创造出朦胧的环境气氛
水底灯	灯光经过水的折射和反射，产生绚丽的光景，成为环境中的亮点

6.3.3　灯具的设计要点

(1) 灯具设计应注意造型美观，装饰得体，考虑其休闲性、参与性、趣味性、协调性等，并要结合环境主题赋予一定寓意，包含一定的文化内涵，突出个性，以丰富城市景致。

(2) 设置灯具要注意景观环境与使用功能的要求，需要根据不同的环境来选择灯具的造型、尺寸、亮度、色彩等，并注意合理的照明方式，要避免发生有碍视觉的眩光(表6-4)。

表6-4　照明方式

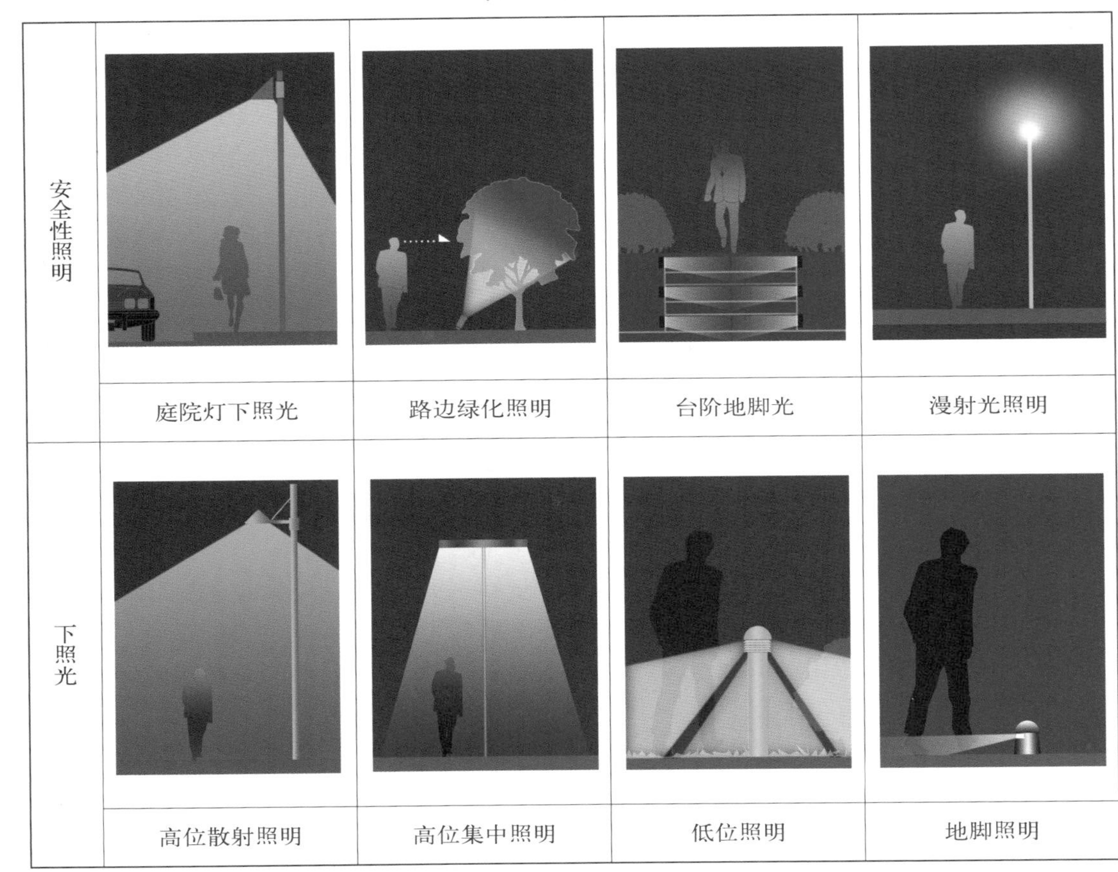

(3) 材料质感的选择影响灯具的艺术效果，对人们心理感受产生一定作用。金属或石材制作的灯具，使人感觉到稳定和安全；玻璃或透明塑料有玲珑剔透的水晶宫般氛围；要创造富丽堂皇的气氛，可使用镀铬、镀镍的金属制件；要创造明快活跃的气氛，则可采用质感光滑的金属、大理石、陶瓷等材料；要创造温暖亲切的感觉，则可在灯具的适当部位采用木、藤、竹等材料(图6.23~图6.25)。

图6.23 金属灯具

图6.24 石材灯具

图6.25 透明质感灯具

(4) 灯具高度的选择要与功能相适应，一般灯具高度在3m左右，大量人流活动空间的灯具高度在6m左右。

(5) 灯柱高度要与灯柱间的水平距离比值恰当，以形成均匀的照度，一般灯具中采用的比值为：灯柱高度∶水平柱距=(1∶12)~(1∶10)。

(6) 不同视距对不同类型的灯具有不同的观感和设计要求。如设置低杆灯具侧重于造型的统一和个性，注意细部的精致处理；对于高杆灯，则注重其整体造型和大的节奏关系。

(7) 灯具要针对城市中的特定景物，如植物、水体、雕塑等造型进行合理布置，见表6-5。

表6-5　特定景物灯位布置

<table>
<tr><td rowspan="3">植物照明灯位选择</td><td>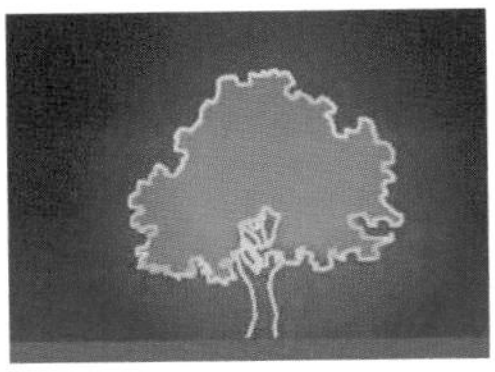</td><td>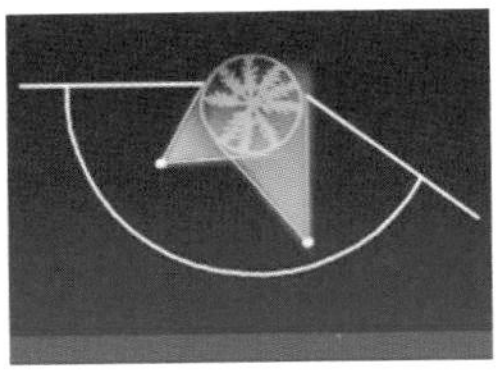</td><td>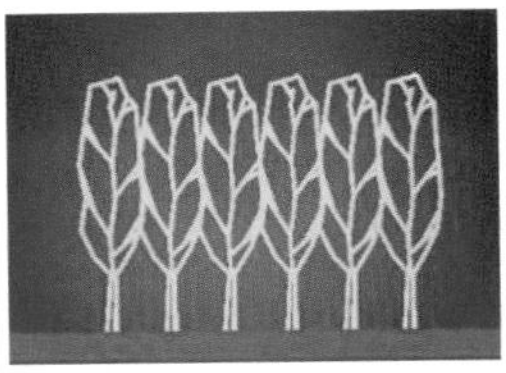</td><td>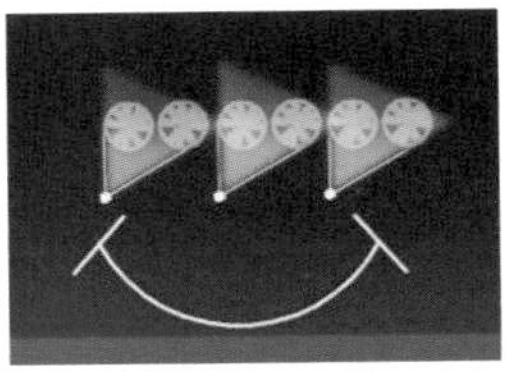</td></tr>
<tr><td>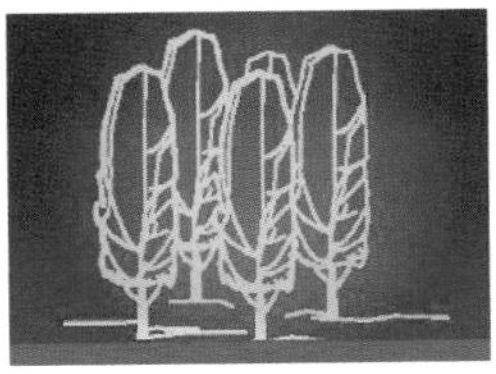</td><td>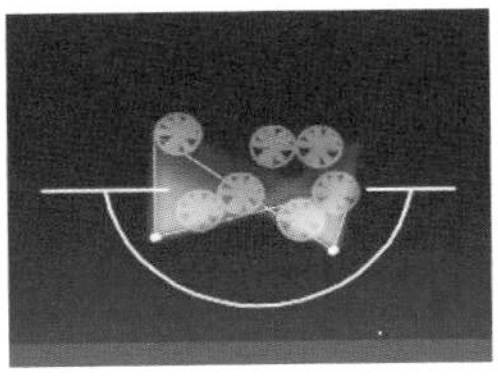</td><td>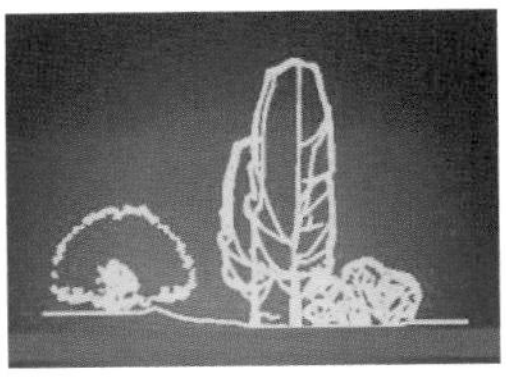</td><td>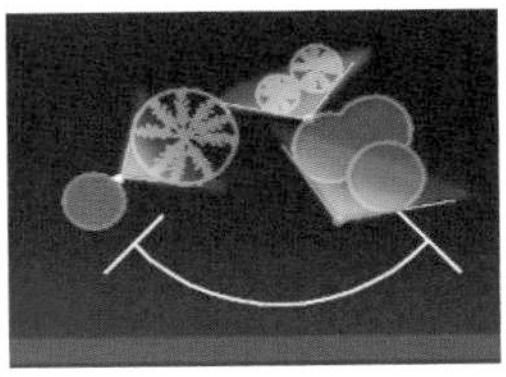</td></tr>
<tr><td>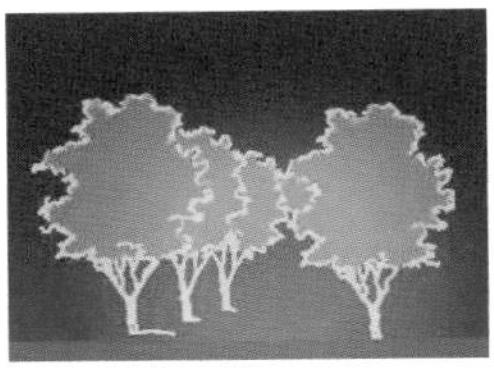</td><td>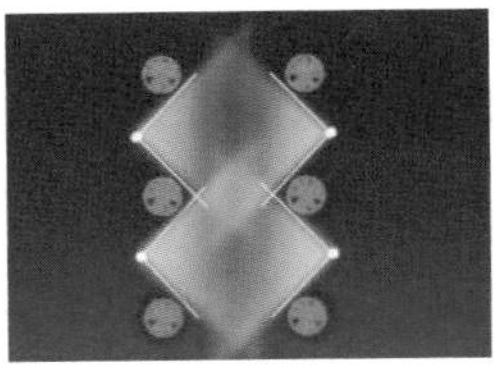</td><td>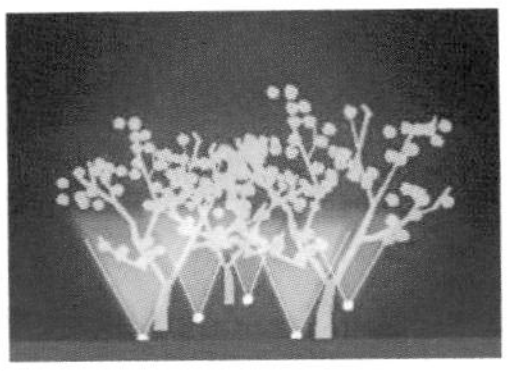</td><td>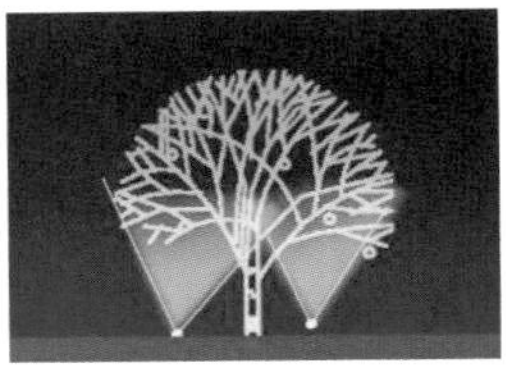</td></tr>
<tr><td rowspan="2">水体照明灯位选择</td><td>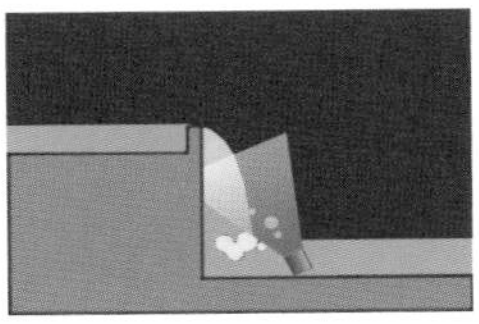</td><td>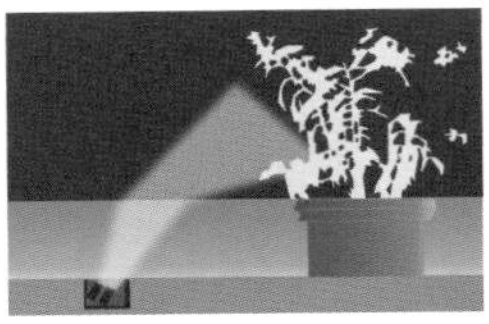</td><td rowspan="2">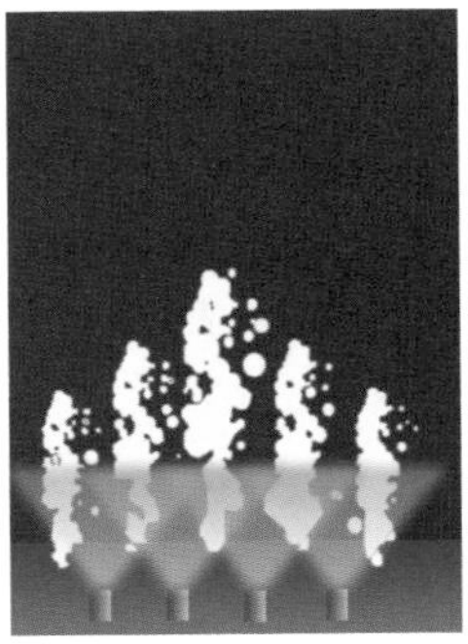</td><td rowspan="2">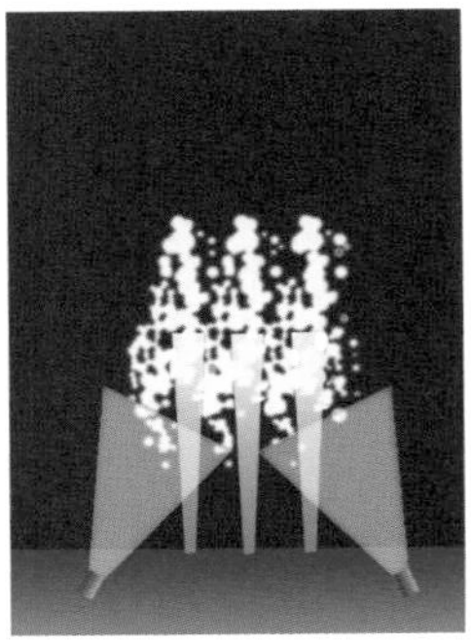</td></tr>
<tr><td>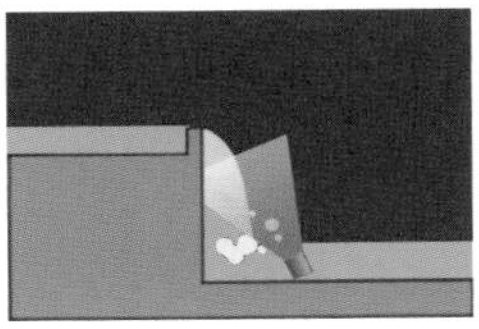</td><td>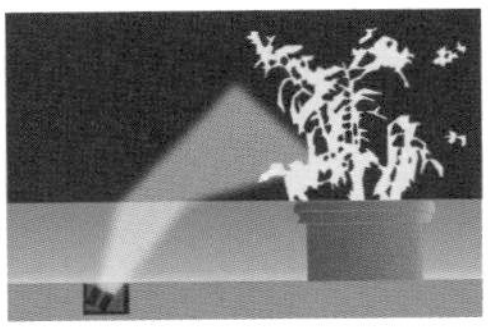</td></tr>
<tr><td>雕塑照明灯位选择</td><td>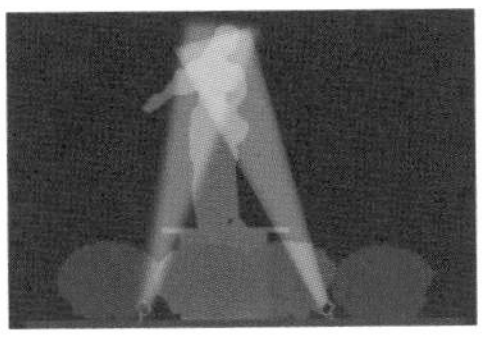</td><td>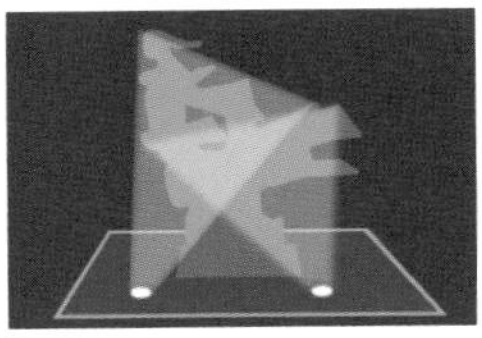</td><td>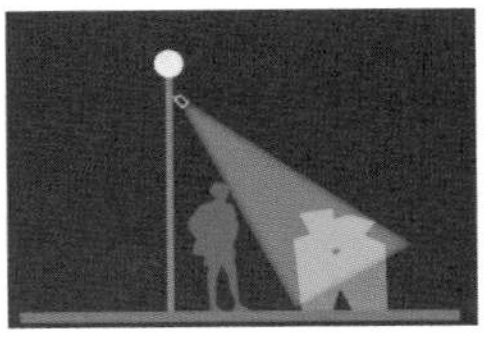</td><td>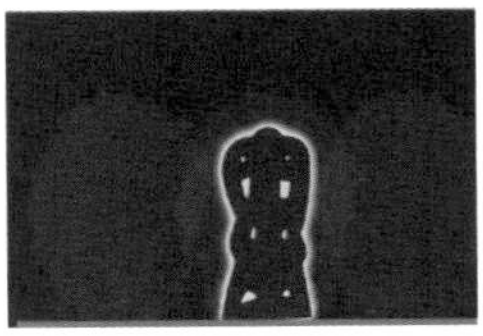</td></tr>
</table>

6.3.4 灯具设计实例

灯具设计实例如图6.26所示。

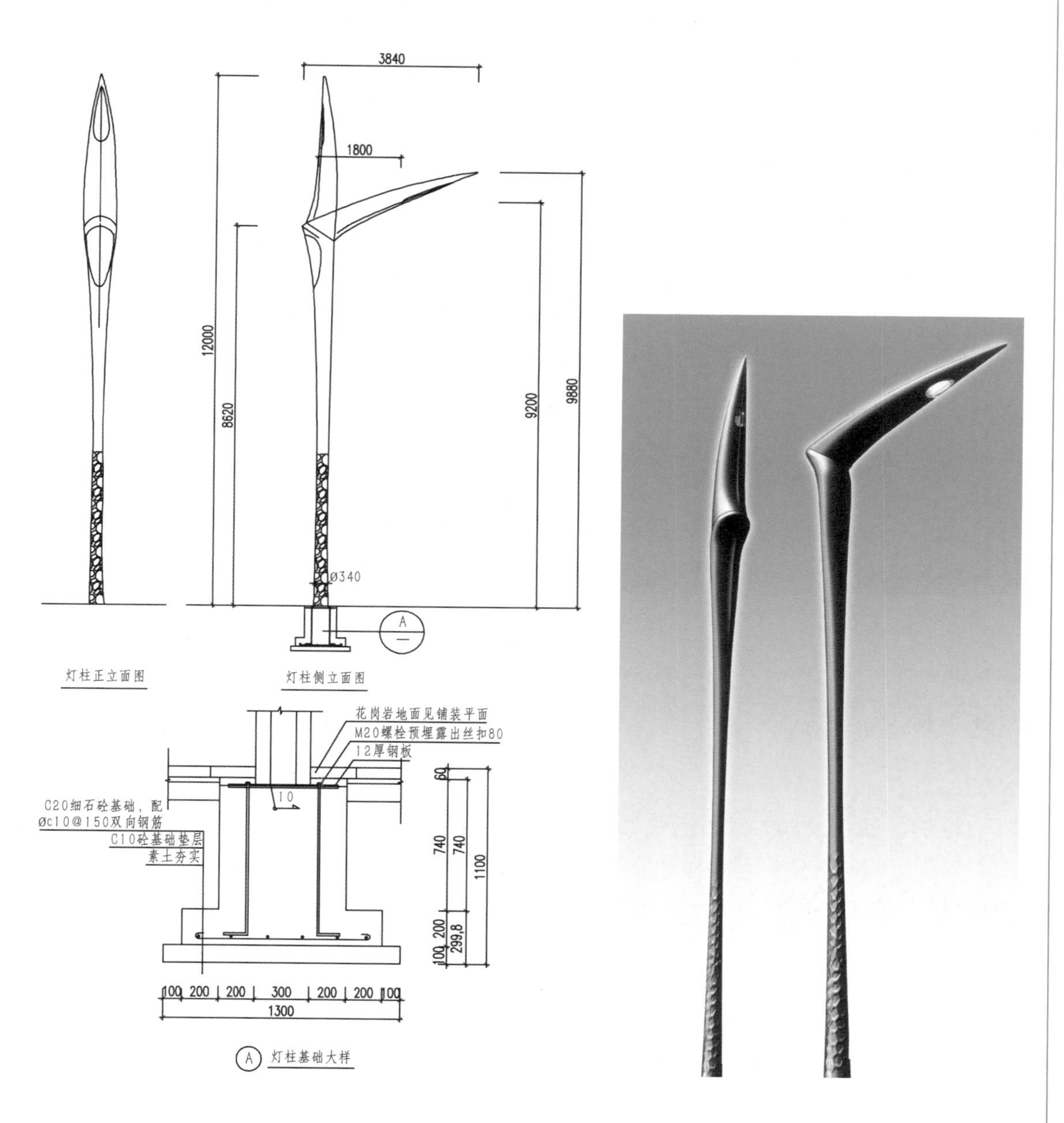

图6.26 灯具施工图及方案设计效果图

6.3.5 灯具案例赏析

灯具案例如图6.27～图6.32所示。

图6.27 高杆灯(一)

图6.28 高杆灯(二)

图6.29 庭院灯

图6.30 草坪灯

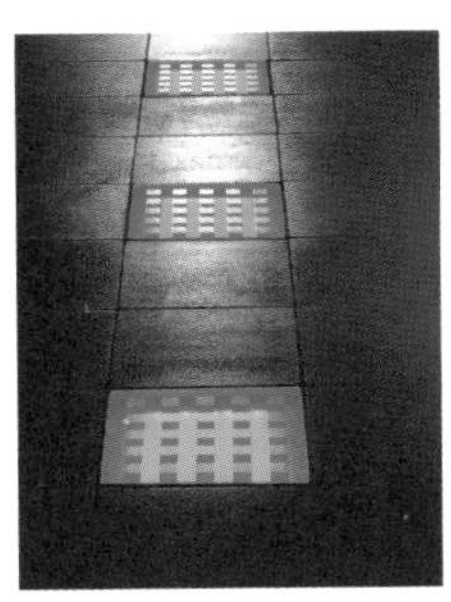

图6.31 地面灯

图6.32 水景灯

6.4 标识牌

本节引言：

标识是景观设施的重要组成部分，主要功能是迅速准确地为人们提供各种环境信息。景观中的各类标识在表述功能的同时，也是城市环境的一种装饰元素。一个优秀的标识设计，应该是将功能与形式有机地统一起来，与周围环境相和谐，并给人们带来新奇的心理体验。

6.4.1 标识牌的功能作用

(1) 引导方向、指示行为是公共环境标识最主要的功能，标识牌能迅速准确地为人们提供各种环境信息，是连接环境和行为的重要媒介。

(2) 形象性、象征性是美化城市环境、强化场所精神以及突显特定环境文化内涵等方面所具有的功能。标识牌具有时代性、历史性、文化性和艺术性特质，可增加城市环境的文化内涵和精神品质，提升城市形象。

(3) 指意性、示意性蕴涵了许多公共标识的性质，各种环境或区域中的标识都具有这种功能。标识导向不仅指导游指示板，它还包括原本存在于该地区环境中，表示独特的地方性及信息的某些事物。如以居住环境为主体的住宅小区中相关的道路、建筑、公共活动场所中的各种标识等。

(4) 表征性、诉求性也是景观标识的重要功能。例如行业标识和品名或商标等标识、标牌都具有表示某种场所意义或表达某种事物内容、性质、特征的作用。

6.4.2 标识牌的类型及特征

标识牌的类型及特征见表6-6。

表6-6 标识牌类型及特征

类型	特征
定位类	这一类标识系统能够帮助使用者确定自己在环境中所处的位置。它们包括地图，建筑参考点以及地标等
信息类	这一类标识牌能够提供详细的信息，在环境中随处可见，例如展览的开放时间以及即将举行的各种活动表等。在许多场合，如果它们易于理解且摆放位置得当，将大大减少使用者的疑惑以及对工作人员的询问
导向类	导向类标识牌引导人前往目的地，它是人们明确行动路线的工具
识别类	这种标识牌是一种很重要的判断工具，它帮助确定你的目的地或让你识别一个特殊的地点。它可以标明一件艺术品，一座建筑物，一个建筑群或一种环境
管制类	这类标识牌标示了有关部门的法令规范，告诉你可以干什么，不可以干什么。它们的存在是为了保护公众、远离危险，这类标识牌都有强制遵循的意义
装饰类	装饰类的标识牌美化了一个环境或是其中的某些元素，使它们更富吸引力

6.4.3 标识牌的设计要点

1. 设置的合理性

标识在城市景观中设置的位置十分关键，关系到标识设计的成败。在合适的地点才能更好地满足其使用功能，如在各类景区出入口、空间转折点或道路交叉口及其他人流集中的场所时能很好地完成指示、传递信息的任务。设置的合理性还包括宜人的尺度，一般小型展面的画面中心离地面高度为1. 4～1.5m左右；设计时还要注意既不能使环境变得纷乱，更不能影响交通，应对整个环境进行调查、分析后确定其位置。

2. 与周围环境相互协调

标识介入环境空间后，与原有环境产生对话和交流，在其周围营造了一种场地效应，成为环境空间的一个重要组成部分(图6.33)。所以，标识与周围环境应相互协调，在造型、色彩、材料等方面要注意相互间的关系，设置可以与路灯和庭院灯的设置相结合，以便于人们识别和使用。

3. 创造新奇的视觉效果

合理、艺术、多样的标识，能成为环境的点睛之笔。标识的造型设计应简洁、明确，色彩要鲜明、醒目，使人一目了然，易于识别和记忆，充分发挥其信息传播媒介的功能。有的标识以“标志物”的形式出现(图6.34)，它与雕塑从形式上有相同之处，融合了纪念性、指示性、说明性等方面的意义，以雕塑的形式展示出来，体现文化内涵，在休闲性、娱乐性较强的空间中应得到提倡。

4．统一中求变化

在较大的城市景观中，需要设置较多的标识，这些标识既要相互协调统一，也要体现出一定的变化。标识的设计包括形式、风格特色、色彩、功能等综合内容，在讲求灵活多变的同时还应与其自身的特性相一致，为景观增光添色。

5．顺应时代发展需求

公共设施信息化系统越来越成为人们生活的必需品，并呈现发展迅速之态势。电子屏具有传统指示标识无法代替的优点，如包含的信息量大、内容丰富等。在有条件的景观内可以设置，设计时支撑电子屏的外结构也要遵循一般标识设施的设计要点，使之成为景观的一部分。

图6.33　与周围环境相协调的标识

图6.34　“标志物”形式标识

6.4.4 标识牌设计实例

标识牌设计实例如图6.35所示。

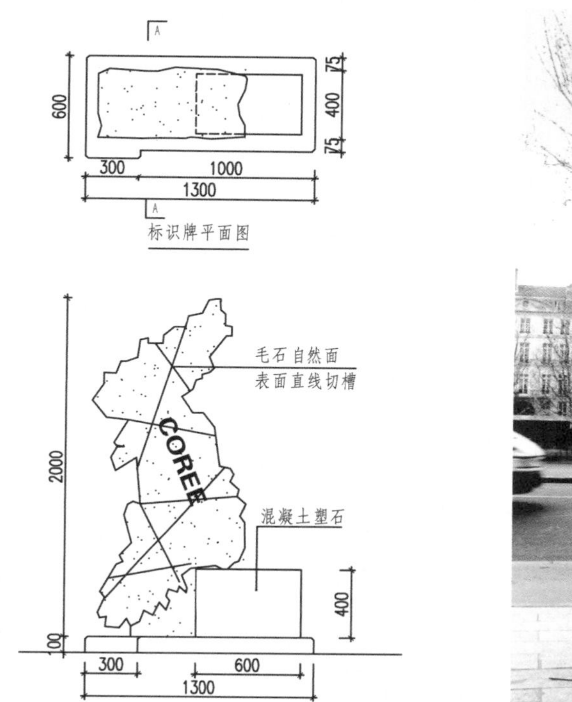

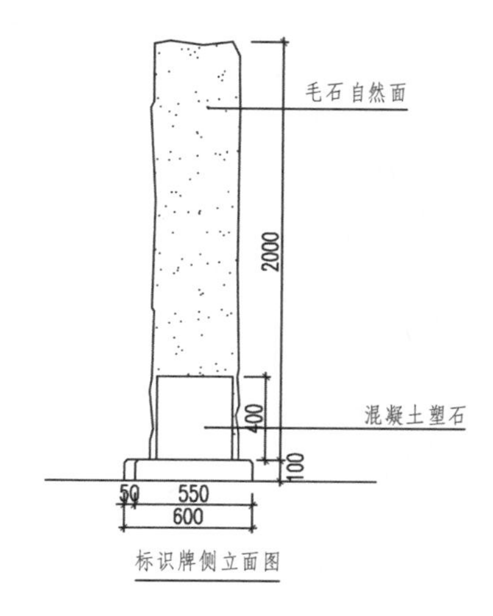

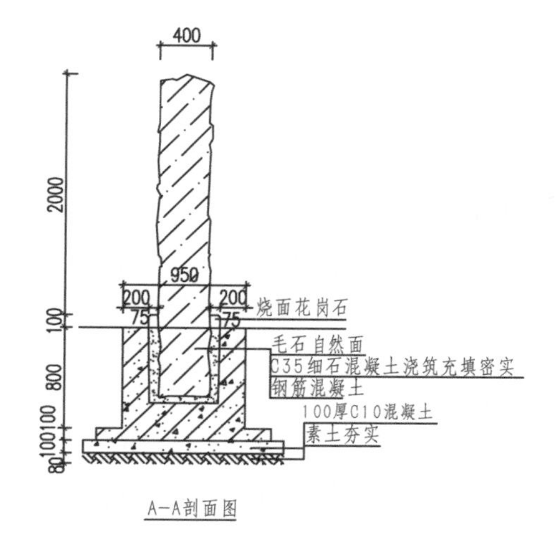

图6.35 标识施工图及实景照片

6.4.5 标识案例赏析

标识案例如图6.36～图6.43所示。

图6.36	图6.37	图6.38	图6.39
图6.40		图6.41	
图6.42	图6.43		

图6.36 定位类标识

图6.37 导向标识

图6.38 电子信息标识

图6.39 装饰类标识(一)

图6.40 装饰类标识(二)

图6.41 识别类标识

图6.42 地面标识(一)

图6.43 地面标识(二)

6.5 垃圾箱

本节引言：

垃圾箱被公认为是反映一个城市文明的标志，体现一个城市和所在居民的文化素质，并直接关系到城市空间的环境质量和人们的生活与健康水平。它既是城市景观不可缺少的卫生设施，又是环境空间的点缀。

6.5.1 垃圾箱的类型及特征

垃圾箱的类型及特征见表6-7。

表6-7 垃圾箱类型及特征

类型		特征
直竖式		为普通使用的垃圾箱，有圆筒形、角筒形等。圆筒形可适应各种不同场合，由于没有方向性，故设置地点较自由。角筒形具有方向性，设置于壁面、柱及通道转角为宜。直竖形的垃圾箱不易积水，但底部易损坏，为此一般设计形状应力求简单、轻便，便于移动
柱头式		即为柱状，上部为垃圾箱本体，这类垃圾箱设置于街道、公园及不铺装地面或不种植绿化的场所。由于下部支撑处接触土壤，形轻巧，有大、中、小容量之分。一般以外壳与内体相结合，便于清除垃圾。小容量垃圾箱内悬挂塑料袋或下部设抽地装置及容器旋转倾倒装置
托架式	旋转式	除污方便、设置场所随意。由于地面只有一个支点，清除垃圾简便，但支架结构应注意坚固性
	抽底式	由于投放口较大，使用方便，但底面易损坏
	启门式	一般设置活动盖，但清除污物较困难。一般内置悬挂塑料袋，便于更换
	套连式	一般外筒注意造型的完整、简练；内筒可采用便于清洗的塑料内筒及纸袋、塑料袋等，便于更换使用
	悬挂式	由于设置于依托物上，位置受到一定限制，但不占地面空间，易清洁卫生，不易受撞击

6.5.2 垃圾箱的设计要点

(1) 垃圾箱的设计应以功能为出发点，具有适度的容量、方便投放、易于回收与清除，而且要构思巧妙、造型独特。

(2) 垃圾箱材料的选择应结合具体空间环境和使用功能，主要考虑不同造型的材质、工艺、外观等因素，并选配合理的色彩与装饰。

(3) 普通垃圾箱规格为高60～80cm，宽50～60cm，投入口高度为0.6～0.9m，设置间距一般为30～50m。设置在车站、公共广场的垃圾箱体量较大，一般高度为90～100cm。

(4) 结构设计应坚固合理，既要保证投放、收取垃圾方便，又不致使垃圾被风吹散。带盖垃圾箱既可防风，又可防止玻璃等危险垃圾危及行人。上部开口的垃圾箱要设置排水孔。

(5) 垃圾箱的设置应满足行人生活垃圾的分类收集要求，行人生活垃圾分类收集方式应与分类处理方式相适应，分为有机垃圾、无机垃圾、有毒垃圾，或分为可回收垃圾、不可回收垃圾、有害垃圾，并通过垃圾箱的不同色彩或一定标识对垃圾进行分类收集。

(6) 垃圾箱应设在道路两侧以及各类交通客运设施、公共设施、广场、社会停车场等入口、休憩区内、小卖店附近等处，设在行人恰好有垃圾可投的地方，以及人们活动较多的场所。

(7) 设置在道路两侧垃圾箱，其间距按道路功能划分：商业街道、金融街道为50～100m；主干道、次干道、有辅道的快速路为100～200m；支路、有人行道的快速路为200～400m。

6.5.3 垃圾箱设计实例

垃圾箱设计实例如图6.44所示。

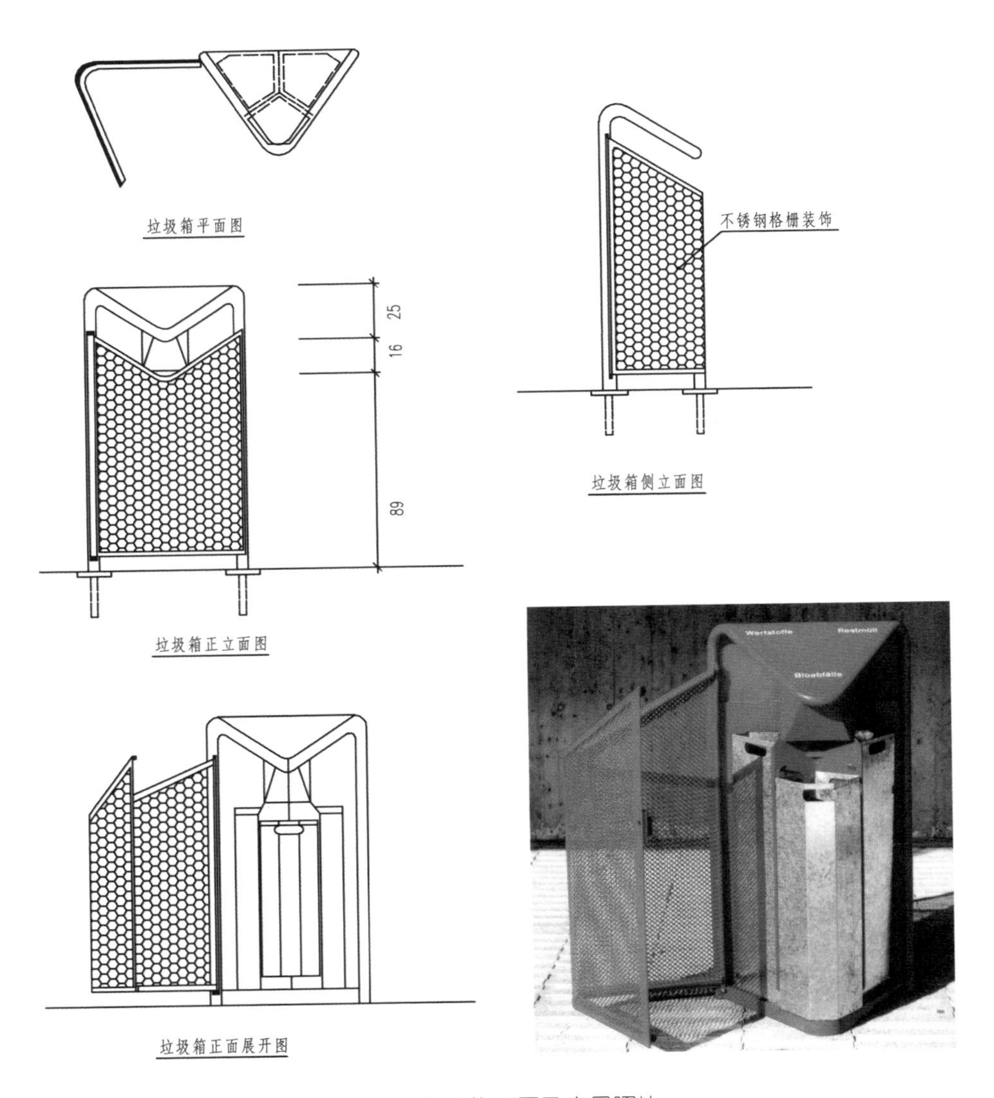

图6.44　垃圾箱施工图及实景照片

6.5.4 垃圾箱案例赏析

垃圾箱案例如图6.45～图6.52所示。

图6.45	图6.46	图6.47
图6.48	图6.49	图6.50
图6.51	图6.52	

图6.45　松木板条垃圾箱

图6.46　双重功用垃圾箱

图6.47　装饰主题垃圾箱(一)

图6.48　装饰主题垃圾箱(二)

图6.49　装饰主题垃圾箱(三)

图6.50　分类垃圾箱

图6.51　铸铁垃圾箱

图6.52　自立式烟灰桶

6.6 用水器

本节引言：

饮水器与洗手器又被称为用水器，其设置不仅方便了城市居民的使用，对于培养人们的卫生习惯有积极作用。在城市景观建设中，用水器也是一个不可忽视的景观设施，其设计应该像灯具、雕塑等一样引起重视，尽量满足景观的要求。

6.6.1 用水器的设计要点

(1) 用水器的造型尺度依据人体工程学的数据而定，供成人使用的高度应该为70～80cm，供儿童使用的高度应在40～60cm之间。此外，在结构和高度上还要考虑轮椅使用者的方便。

(2) 用水器的构成要素包括水龙头出水口、基座、水容器面盆和踏步等。其基本形态为方、圆、多角型及其相互组合的几何形体或造型艺术化；所用材料以不锈钢、石材、陶瓷、混凝土为主，可以和雕塑等景观小品结合。

(3) 设置方位宜在绿化地带、公园、广场、商业环境等人流密集且易于供水、排水的场所。

6.6.2 用水器设计实例

用水器设计实例如图6.53所示。

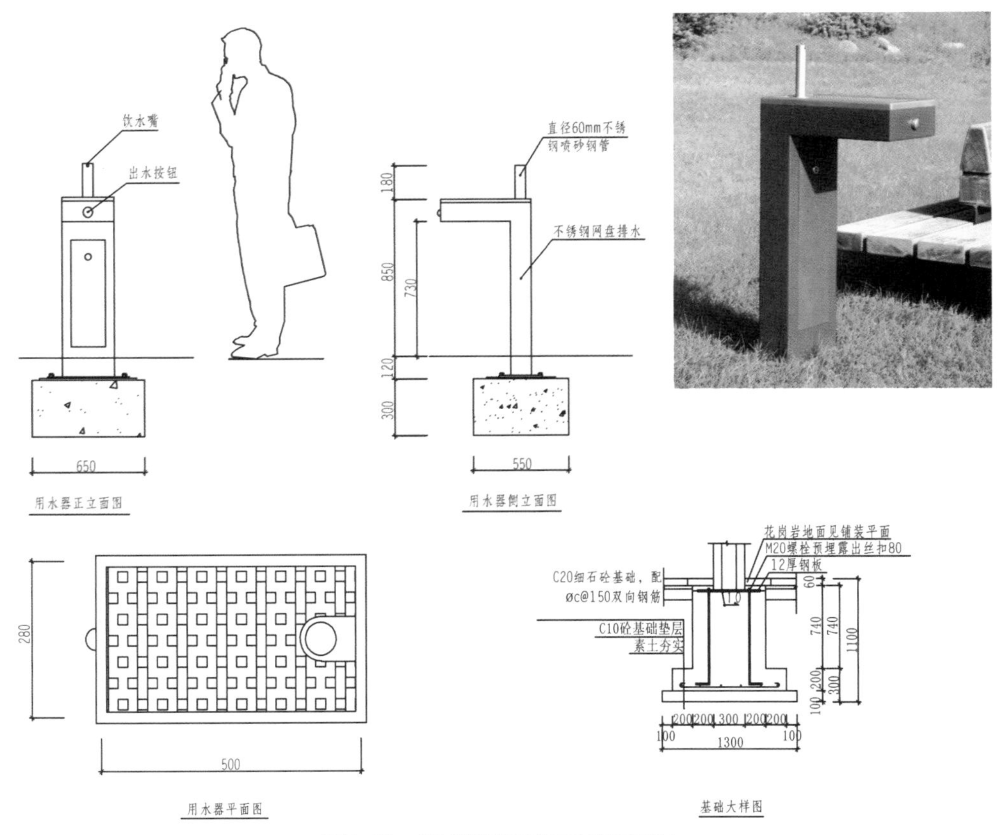

图6.53　用水器施工图及实景照片

6.6.3 用水器案例赏析

用水器案例如图6.54～图6.57所示。

图6.54 用水器(一)

图6.55 用水器(二)

图6.56 用水器(三)

图6.57 用水器(四)

6.7 公交站台

本节引言：

公交站台是城市交通系统的节点设施，为人们在候车时能有个舒适的环境，而提供防风避雨的空间，是城市景观的重要组成部分，也较大程度地影响着一个城市的形象。

6.7.1 公交站台类型及特征

公交站台类型及特征见表6-8。

表6-8 公交站台类型及特征

类型	特征
单柱标牌式	单柱标牌式候车站只设立一根高 2m 左右，直径 8～10cm 的金属杆，上面套有公交路线牌。这种形式主要用于人流较小、周围空间有限以及新建区等配套设施待完善的地方，作为临时性的站点或起到为其他主要站点分担人流的作用(图6.58)
敞开箱式	敞开箱式站点是城市中最普遍的一种形式，其空间构成简单、实用、占地面积相对较少且造型丰富，常与灯箱广告搭配设置，是现代城市重要景观元素之一(图6.59)
箱式	箱式站点主要设于人流大量汇聚的地方，如火车站附近、步行街附近等。它通常需要设立公交调度、报刊亭、小卖部以及供人休息的附属设施。这种站点体积较大，其顶部可设立大型的霓虹灯广告(图6.60)

图6.58 | 图6.59
图6.60

图6.58　单柱式公交站台

图6.59　敞开箱式公交站台

图6.60　箱式公交站台

6.7.2　公交站台的设计要点

(1) 公交站台的设计要求造型简洁大方，富有现代感，应有自己的城市个性和特色，并设有休息椅凳、垃圾箱、广告或行车路线导游图、照明灯具等，应注意其俯视和夜间的景观效果，并做到与周围环境融为一体。材料一般采用不锈钢、铝材、玻璃、有机玻璃等耐候性、耐腐蚀性好并且易于清洁的材料。

(2) 设计要充分考虑保障人们等候、上下车辆的安全性与舒适性。一般城市中所设置的公交中途站点长度不大于 1.5～2 倍标准车长，宽度不小于1.2m。

(3) 符合相关部门公共汽车站点设置的有关规定：交叉路口的站点，应设在叉口 50m 以外，当车辆较多时，则应设在叉口 100m以外；站点的平均距离为 500～600m；中途站点应设在公交线路的主要客流集散点，其统一路线上下行对称站点宜在道路平面上错开，错开距离不得小于 50m。当主干道的快车道宽度大于 22m 时，也可不必错开设置；在绿化带较宽的路旁或车道宽度在 10m 以下的道路中途设置站点，其路旁绿化向人行道内等腰梯形凹进，并以不小于 25m，开凹长度不低于 22m 为准，构成港湾式中途站点。

6.7.3 公交站台设计实例

公交站台设计实例如图6.61所示。

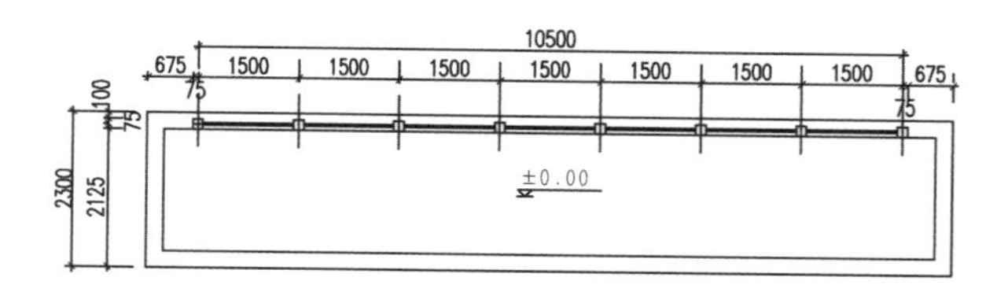

公交站台平面图

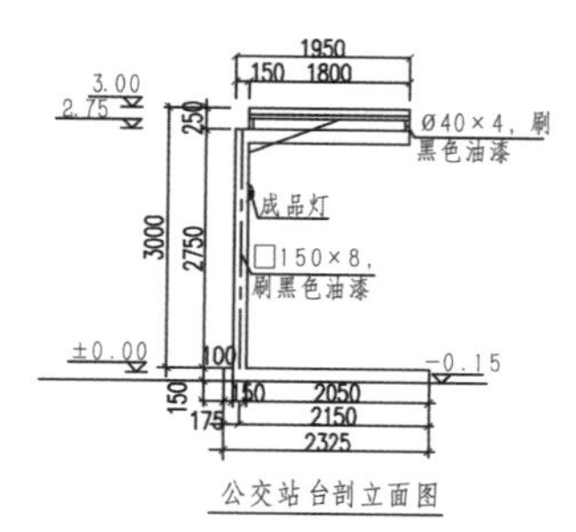

公交站台剖立面图

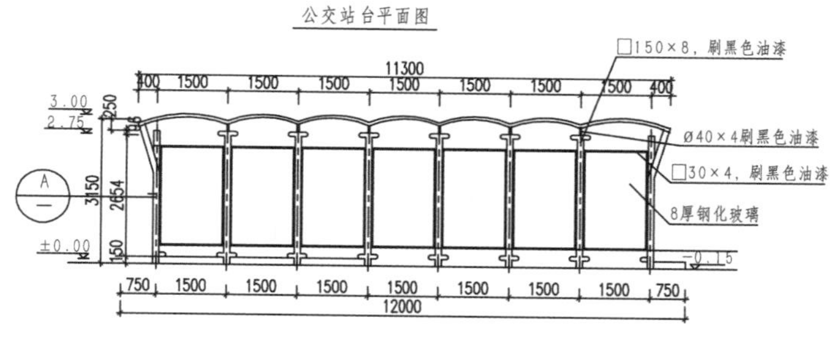

公交站台立面图

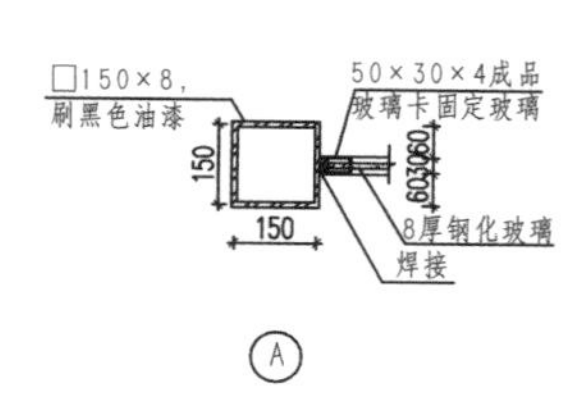

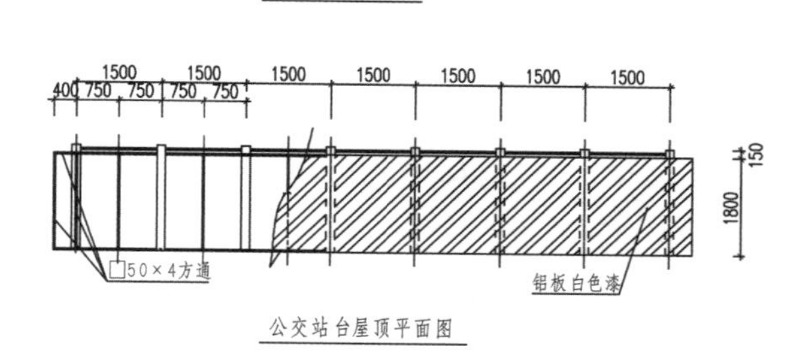

公交站台屋顶平面图

图6.61 公交站台施工图及实景照片

6.7.4 公交站台案例赏析

公交站台案例如图6.62～图6.64所示。

图6.62 公交站台(一)

图6.63 公交站台(二)

图6.64 公交站台(三)

6.8 雕塑

本节引言：

雕塑在景观环境中起着特殊而重要的作用，它不仅丰富和美化人类生活的空间，还丰富人们的精神生活，反映时代精神和地域文化的特征，优秀的雕塑是城市标志和象征的载体。

6.8.1 雕塑的功能作用

(1) 景观雕塑能起到感化、教育和陶冶性情的作用。其独特的个性赋予空间以强烈的文化内涵，它通常反映着某个事件，蕴含着某种意义，体现着某种精神。

(2) 在景观环境中，能形成场所空间的焦点，对点缀烘托环境氛围、增添场所的文化气息和时代特征有重要作用。

(3) 有调节城市色彩、调节人的心理和视觉感官的作用。

6.8.2 雕塑的类型及特征

雕塑的类型及特征见表6-9。

表6-9 雕塑类型及特征

类型		特征
艺术形式	具象雕塑	以写实和再现客观对象为主的雕塑
	抽象雕塑	以客观形式加以美观概括、简化或强化，并运用抽象符号加以组合，具有很强的视觉冲击力和现代意味
空间形式	圆雕	对形象进行全方位的立体塑造的雕塑，具有强烈的体积感和空间感，可从不同角度进行观赏
	浮雕	介于圆雕和绘画之间的一种表现形式，依附于特定的体面上。高浮雕有较强的立体感，浅浮雕平面性较强
	透雕	是浮雕画上保留有形象的部分，挖去衬底部分，形成有虚有实、虚实相间的艺术效果，具有空间流通、光影变化丰富、形象清晰的特点
功能形式	纪念性雕塑	主要纪念一些伟人和重大事件，是以历史上或现实生活中的人或事件为主题制作的。一般处于景观环境的中心主导位置
	主题性雕塑	是指某个特定环境中，为表达某种主题而设置的。与环境有机结合的主题性雕塑，能添加环境的文化内涵，弥补环境表意的功能，达到表现鲜明的环境特征和主题的目的
	装饰性雕塑	在环境空间中起装饰、美化作用。不强求鲜明的思想内涵，但强调环境中的视觉美感
	功能性雕塑	具有装饰美感的同时，又有不可替代的实用功能

(续表)

类型		特征
材料形式	天然石材雕塑	指用花岗石、砂石、大理石等石料制成的雕塑，多数有较好的耐候性与耐久性，色彩自然
	金属材料雕塑	以熔模浇铸和金属板锻造成型，包括青铜、铸铁、不锈钢、铝合金等材料
	人造石材雕塑	以混凝土为主的人工材料，造型简便，可模仿石材效果，但不易做永久性雕塑
	高分子材料雕塑	主要指树脂塑形材料，成型方便、坚固、质轻、工艺简单，但造价高
	陶瓷材料雕塑	高温焙烧制品，光泽好，抗污性强，但易碎，体量较小

6.8.3 雕塑的设计要点

1．与环境的融合

雕塑需要一定的景观空间作依托，在设计时，要先对周围环境特征、文化传统、空间、城市景观等有全面准确的理解和把握，然后确定雕塑的形式、主题、材质、体量、色彩、尺度、比例、状态、位置等，使其和环境协调统一。

2．基座

基座是雕塑整体的一个组成部分。在造型上应烘托主体并渲染气氛，雕塑的表现力与基座的体型相得益彰，不能喧宾夺主。因此在构思中应整体考虑。

3．平面布局

设置雕塑切不可将其变成形单影孤与环境毫不相关的摆设。因此，恰当的选择环境或设计好平面布局，是设置雕塑的重要工作，雕塑平面布置形式分为规则式和自由式，具体形式如图6.65所示。

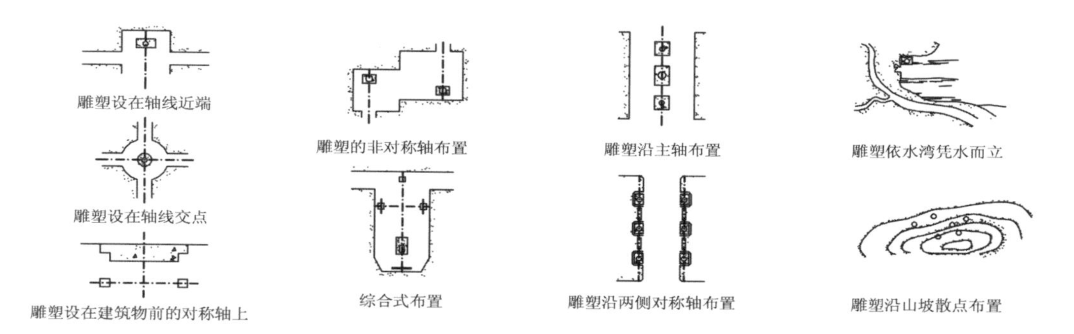

图6.65 雕塑的平面布置形式

4．视距与雕塑高度

人们观察雕塑首先是观察其大轮廓及远观气势，要有一定的远观距离。进而是细查细部、质地等，故还应有近视的距离，因此在整个观察过程中应有远、中、近距离，才能保证良好的观察效果。当s=h时，可观察雕塑的细部；当s=2h～3h时，雕塑主体突出，环境处于次要地位，是最适合的观赏距离；当s＞3h时，雕塑主题突出，周边的环境也突出，无主次之分；当s＜h时，只能看到雕塑的局部(图6.66)。

5．视线角度

视角分为竖向视角与水平视角两种。最佳的竖向角度为18°～27°，当竖向视角大于45°时，只能观赏细部；集中有效地观赏雕塑，水平视角应在54°以内，其背景的水平视角一般不大于85°(图6.67)。

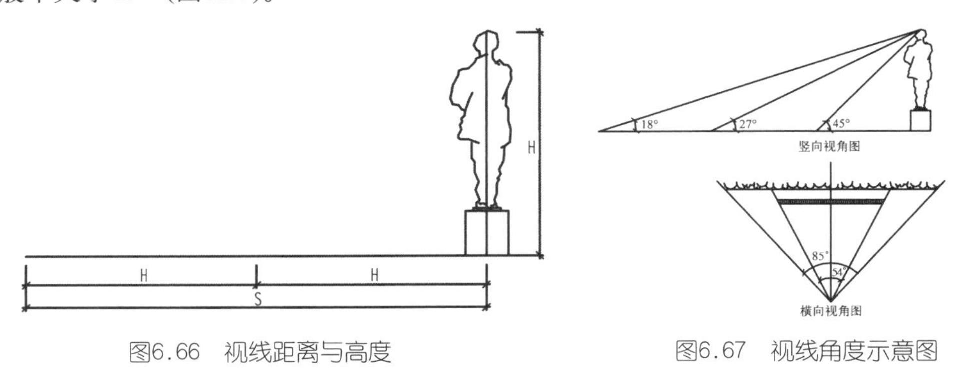

图6.66　视线距离与高度　　　图6.67　视线角度示意图

6.8.4　雕塑设计实例

雕塑设计实例如图6.68所示。

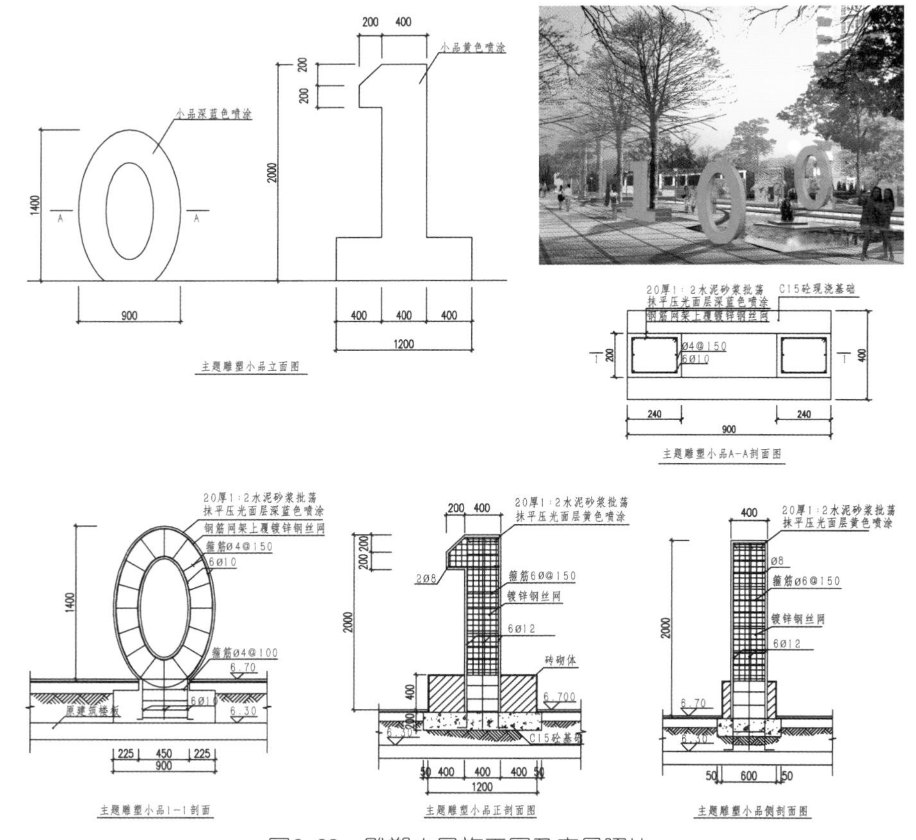

图6.68　雕塑小品施工图及实景照片

6.8.5 雕塑案例赏析

雕塑案例如图6.69～图6.77所示。

图6.69	图6.70	图6.71
图6.72	图6.73	图6.74
图6.75	图6.76	图6.77

图6.69　人物雕塑

图6.70　动物雕塑(一)

图6.71　动物雕塑(二)

图6.72　物品雕塑

图6.73　主题性雕塑

图6.74　功能性雕塑

图6.75　装饰性雕塑

图6.76　金属雕塑

图6.77　金属浮雕

本章思考题

■ 人体工程学在城市家具中的作用是什么?
■ 城市家具在景观设计中有什么作用?
■ 城市家具设计应注意哪些问题?
■ 如何在特定场所表现特定主题的城市家具设计?

作业练习

■ 安排不同的地点,分组勘察现场。根据附录3进行实践调研,并作设计综合分析,制定表格。

■ 结合家乡特色,设计一个或一组城市家具,要求造型新颖、富有文化底蕴,符号性强,设计说明在300字以内。分别在A3纸上绘制详细的平、立、剖面图及详细的尺寸材料标注,比例不限。

第7章 游乐系统设计及实例

教学目标和要求

目标：了解游乐设施的形式与功能，以及在景观中如何运用。

要求：掌握游乐设施设计和设置的基本规律，不同年龄的心理特征、认知水平和活动尺度，灵活运用，让其更加符合人们的运动需求。

本章要点

◆ 着重介绍游乐设施设置的注意事项、种类特征和设计要点。

◆ 儿童的心理特征和儿童游戏器械设计与制作中的活动尺度。

本章引言

游乐设施包括各种儿童游乐设施、体育运动设施和健身设施等。游戏设施是为学龄前后的儿童设置的，一般布置在小学、幼儿园、居住区绿地中，游戏设施包括游戏场地和器械，游戏器械包括秋千、木马、滑梯、跷跷板等。体育运动设施和健身设施是儿童、少年和成年人能共同参与使用的娱乐和游艺性设施。一般分布在公园绿地中，包括迷宫建筑、各类运动器械等。

7.1 儿童游乐设施

本节引言：

游乐设施的设置因儿童的年龄不同而有所差异，能在有限的空间内更多地满足儿童需求，其色彩鲜艳、造型丰富，已成为景区儿童活动空间中景观小品设计的重点。其他游乐设施应以活泼的造型、鲜明的色彩、舒适的质感，促进儿童、青少年和成年人身心健康发展。游乐设施符合人体工程学并具有奇妙的想象力，挑战孩子们去玩耍、探索与积极运动。

7.1.1 儿童游乐设施的注意事项

(1) 要从儿童的角度去考虑，掌握新时代儿童的心理特征和认知水平，给予他们触觉、视觉、嗅觉等感官接触，能激发儿童自发地进行创造性游戏。

(2) 游戏器械既要满足不同年龄段儿童活动的要求，也要避免其他年龄组儿童因使用不当使游戏器械损坏或者造成活动不安全。

儿童游戏器械的设计与制作应与儿童的活动尺度相适应。儿童平均身高可按公式“年龄×5＋75cm”计算得出：1～3周岁幼儿约75～90cm；4～6周岁学龄前儿童约95～105cm；7～14周岁学龄儿童约110～145cm。图7.1所示为儿童动作与器械的比例关系，可以作为确定器械尺寸的参考。如方格形攀登架，格间间距为幼儿45cm，学龄前儿童50～60cm，管径2cm为宜。为学龄前儿童使用的单杠高度为90～120cm；如为学龄儿童使用，则高度宜为120～180cm。

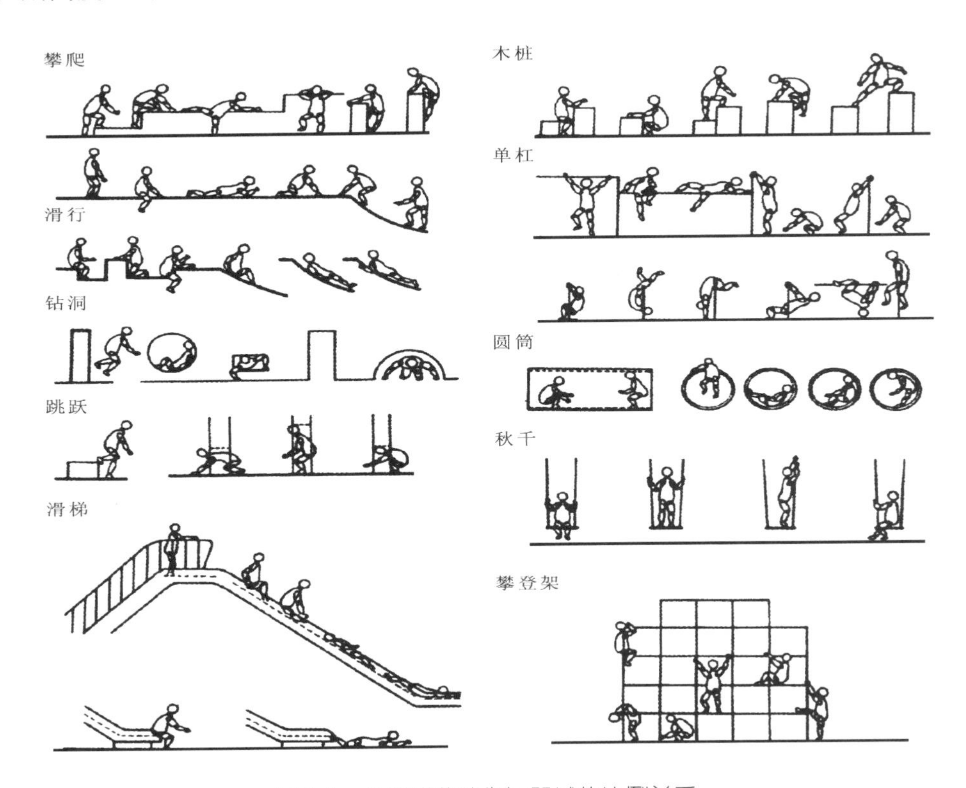

图7.1　儿童各种动作与器械的比例关系

(3) 器械、设施的布局应考虑儿童的运动轨迹和运动特点，设法使他们能够在有限的范围内获得最大的活动空间。

(4) 考虑游乐设施的造型、结构、材料对儿童的安全，可使用天然材料，给予儿童接触自然的机会，同时便于维护、修缮和管理。

(5) 地面铺装宜采用质地柔软、施工简单、色彩丰富艳丽的材料，避免儿童从器械上坠落跌伤，还可以结合儿童心理加以图案点缀。

(6) 进行游乐场选址和器械布置时，既要注意满足日照、通风、安全的要求，同时也应注意尽量降低儿童嬉戏时产生的嘈杂声对周围环境的影响。

(7) 考虑残疾儿童的需求，同时儿童外出多有大人陪同，周边还需设置一定的休息设施，以供看护孩子们的父母们使用。

7.1.2 儿童游乐设施的类型及设计要点

1. 儿童游戏场

1) 草地与地面铺装

作为一种软质景观，草坪除具观赏价值外，也是儿童喜爱的良好活动场地。尤其对幼儿而言，在草坪上活动既安全又卫生，但草坪养护管理要求较高，故而硬质铺面仍被更多地使用。铺地材料多用水泥方砖、石、沥青或其他地方材料，铺面图案可结合儿童化图案加以点缀(图7.2)。

2) 沙坑

在儿童游戏中，沙戏是重要的一种建筑型游戏形式。儿童踏入沙中即有轻松愉快之感。儿童在沙地上可凭借自身想像开挖、堆砌(图7.3)。

(1) 规模较小的公园通常设置一个可同时容纳4～5个孩子玩耍，面积约为8㎡左右的沙坑即可。

(2) 如在沙坑中安置玩具，则既要考虑儿童的运动轨迹，又要确保坑中有基本的活动空间。

(3) 坑中应配置经过冲洗的精制细砂，标准沙坑深为40～45cm。

(4) 可在沙坑四周竖砌10～15cm的路缘，以防止砂土流失或地面雨水灌入。路缘石一般由混凝土或人造水磨石制成。为了提高安全性，也可选用木制路缘石或橡胶路缘石。

(5) 沙坑选址宜在向阳处，使之可经常得到紫外线消毒，并应定期更换沙料。

(6) 沙坑内应敷设暗沟排水，避免坑内积水。

(7) 沙坑旁应设置庇荫条件，如花架、绿荫树，便于夏季庇荫消暑。

(8) 大一点的沙坑可与其他游乐器械，如秋千、独木桥等相结合。

3) 水池

与水亲近是儿童的天性，用地较大的儿童游戏场常设置嬉水池(图7.3)。

(1) 供儿童游玩的嬉水池水深约在20cm左右，也可局部逐渐加深以供较大年龄儿童使用，但需做防护设施。

(2) 嬉水池的平面形式可丰富多样，与伞亭、雕塑、休息凳等其他设施结合。

(3) 水的形态可与喷泉结合设计，使水不断流动以减少污染。

(4) 嬉水池底应浅而易见，所用地面材料要做防滑处理。

图7.2　儿童游戏场中的草坪与铺地

图7.3　儿童在沙坑和水池中可做自己想做的事情

4) 游戏墙与迷宫

游戏墙与迷宫是可训练儿童辨别力的游戏设施，其造型丰富多样。迷宫是游戏墙的一种，儿童进入迷宫后，会因迷途而提高兴趣。可用绿篱植物等软质材料围合，另外利用混凝土的可塑性制作出各种迷宫形式的城堡、房屋、动物造型，设计出受儿童喜爱的迷宫形式(图7.4)。

(1) 从总体安全考虑，墙体的标准高在1.2m以下，可设置各种形状、厚度的游戏墙，并在墙上设置不同形状、大小的孔洞，以供儿童钻爬、攀登。跨越用墙体厚度为15cm；骑乘用的墙体厚度为20～35cm。

(2) 墙上孔洞的大小要适中，否则无法对孩子产生吸引力。普通窥望孔的直径在20cm以下。狭小的穿越方洞，边长约40cm以上；宽大的穿越方洞，边长为60cm以上。

(3) 在设计时应注意避免锐角出现而伤及儿童，墙体顶部应作削角，墙下或设置沙坑，或作柔性铺装。

(4) 如果需要在墙体上面绘画涂鸦，应采用粘贴模板、上色绘制的方法，这样即使图案掉色也不会影响墙体。

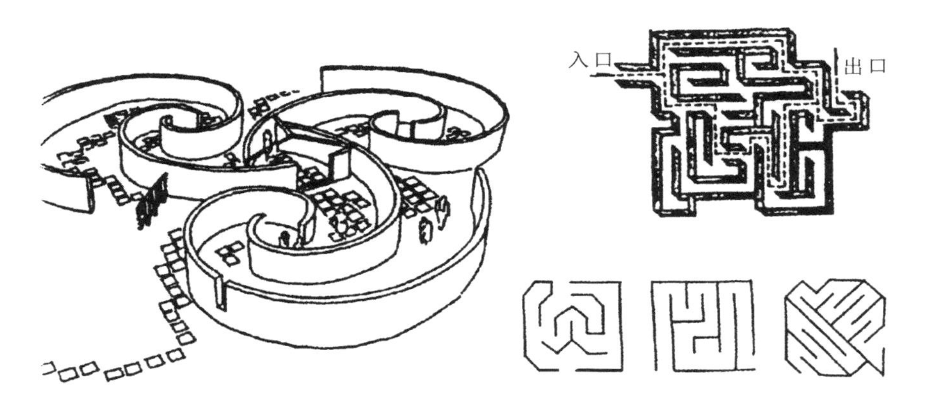

图7.4　几种不同类型的迷宫

2．游戏器械

1) 秋千(图7.5)

(1) 应考虑秋千(踏板)的摇摆幅度、飞荡幅度、运动轨迹等因素，在空间上注意与其他设施的合理关系，充分注意安全。

(2) 通常在铁制秋千周围设置高约0.6m的安全护栏，并留有充足的空间。

(3) 一般铁制秋千架的设计尺寸：2座式，宽约2.6m、长约3.5m、高2.5m，安全护栏宽6.0m、长5.5m、高0.6m；四座式秋千，宽约2.6m、长约6.7m、高2.5m，安全护栏宽6.0m、长7.7m、高0.6m。

(4) 踏板距地面约35～45cm左右。

(5) 设计幼儿园安全型秋千，应注意避免幼儿钻入踏板下，一般安全的踏板下高度为25cm。

(6) 秋千的吊链、接头等配件，应选用断裂强度高的可锻性铸铁产品。

(7) 秋千下及周围地面应采用沙土等柔性铺装，防止儿童跌伤。

(8) 由于秋千下地面呈凹地型，易积水，需设置雨水管排水或铺设橡胶网垫等防积水辅件，确保孩子们能够在雨后马上使用。

2) 滑梯

滑梯是一种结合攀登、下滑两种运动方式的游戏器械。通过重力作用自高向低滑下，可以上下起伏改变方向以增强儿童游戏乐趣(图7.6)。

(1) 滑梯的宽度为40cm左右，两侧立缘为18cm左右，滑梯末端承接板的高度应以儿童双脚完全着地为宜，且着地部分为软质地面或水池。

(2) 下滑时可有单滑、双滑、多股滑道，可结合地形坡度设置滑梯并以直线形、曲线形、波浪形、螺旋形设计造型，也可结合大象鼻子、长颈鹿脖子等动物造型，创造丰富的景观效果。

(3) 滑梯的材料宜选用平滑、环保、隔热的材质。

(4) 在滑梯周围要设置防护设施，以免儿童摔下受伤。

3) 跷跷板

用木材或金属作支架，支撑一块长方形木板的中心，两端可以一人或多人乘坐，应有扶手，也可以和其他器械结合(图7.7)。

(1) 普通双连式跷跷板的标准尺寸为：宽1.8m，长3.6m，中心轴高45cm。

(2) 跷跷板下应放置废旧轮胎等设备作缓冲垫。

(3) 跷跷板周围较为危险，应设置沙坑或作柔性铺装。

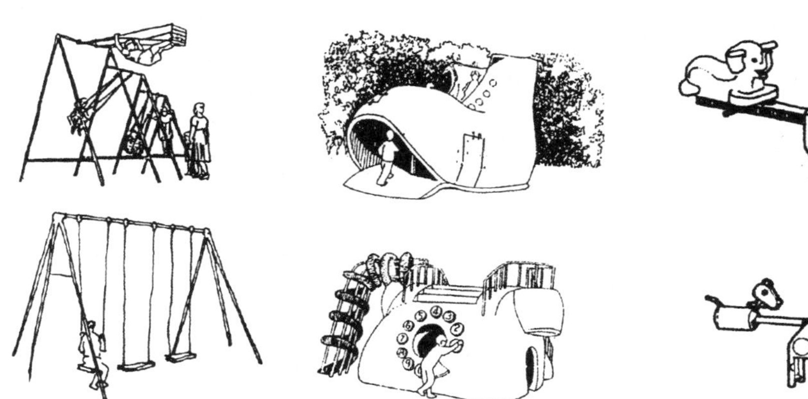

图7.5 几种不同类型的秋千 图7.6 几种不同类型的滑梯

图7.7 几种不同类型的跷跷板

4) 攀登架

一般常用木材或钢管组接而成，儿童可以攀登上下，在架上进行各种动作(图7.8)。

(1) 主要锻炼儿童的平衡能力。常用攀登架每段高0.5~0.6m，由4～5段组成框架，总高约2.5m左右，可设计成梯子形、圆锥形或动物造型。

(2) 方形攀登架的标准尺寸：格架宽为0.5m，攀登架整体长、宽、高相同，为2.5m。

(3) 架杆一般选用外径为27.2cm的煤气管或木材。

(4) 从安全考虑，架下应设置沙坑或其他柔性铺装。

图7.8　几种不同类型的攀登架

5) 组合器械

把不同类型的游戏器械组合，可以节省设备材料减少占地面积。把智力、体力训练的意图有机结合，设计出较复杂的整体器械，使儿童既能增强体力，掌握动作技巧，又可学到一定的知识。由于组合复杂常由专业厂家制作，在形式、材料、色彩上非常具有吸引力，常用材料有玻璃钢、高强度塑料等。红黄蓝绿等明快色彩配置和积木式组合构成一个醒目的儿童化游戏设施形象(图7.9)。

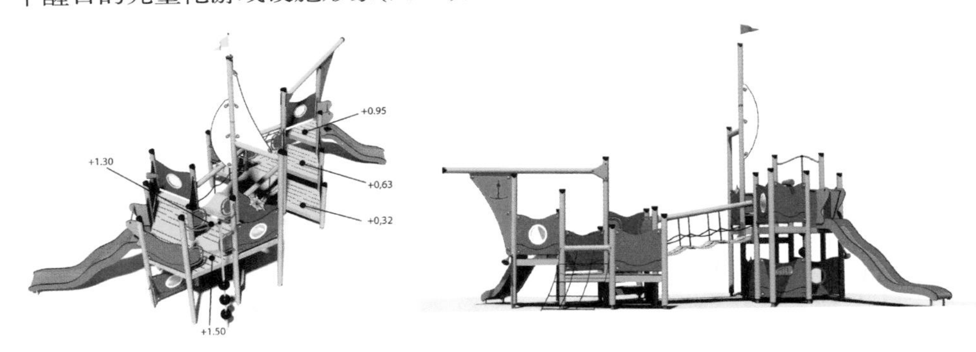

图7.9　组合式儿童游戏器械

6) 冒险游乐设施

游乐系统的多功能性意味着人们可以创建不同寻常的游乐设备。许多客户，对相当独特的项目创建要求能有助于建立一个强大的品牌形象并能吸引游客。主题建设往往有本地特色，要么是一个著名建筑的仿制品或者只是一个简单的冒险体验。例如：宫殿、城堡、太空飞船和海上怪物，以及在丛林中悬挂藤蔓(图7.10)。其中，冒险游玩器械最突出的特点是惊险和刺激。可以满足儿童冒险的欲望，并使他们在玩耍中增长知识。同时也是现代科技的展示场，以其特有的经典创意赋予人们激情和想象。这类游乐器械一般在公共性游园和主题公园用得较多。

图7.10　儿童简单型冒险体验

7.1.3　儿童游乐设施设计实例

儿童游乐设施设计实例如图7.11所示。

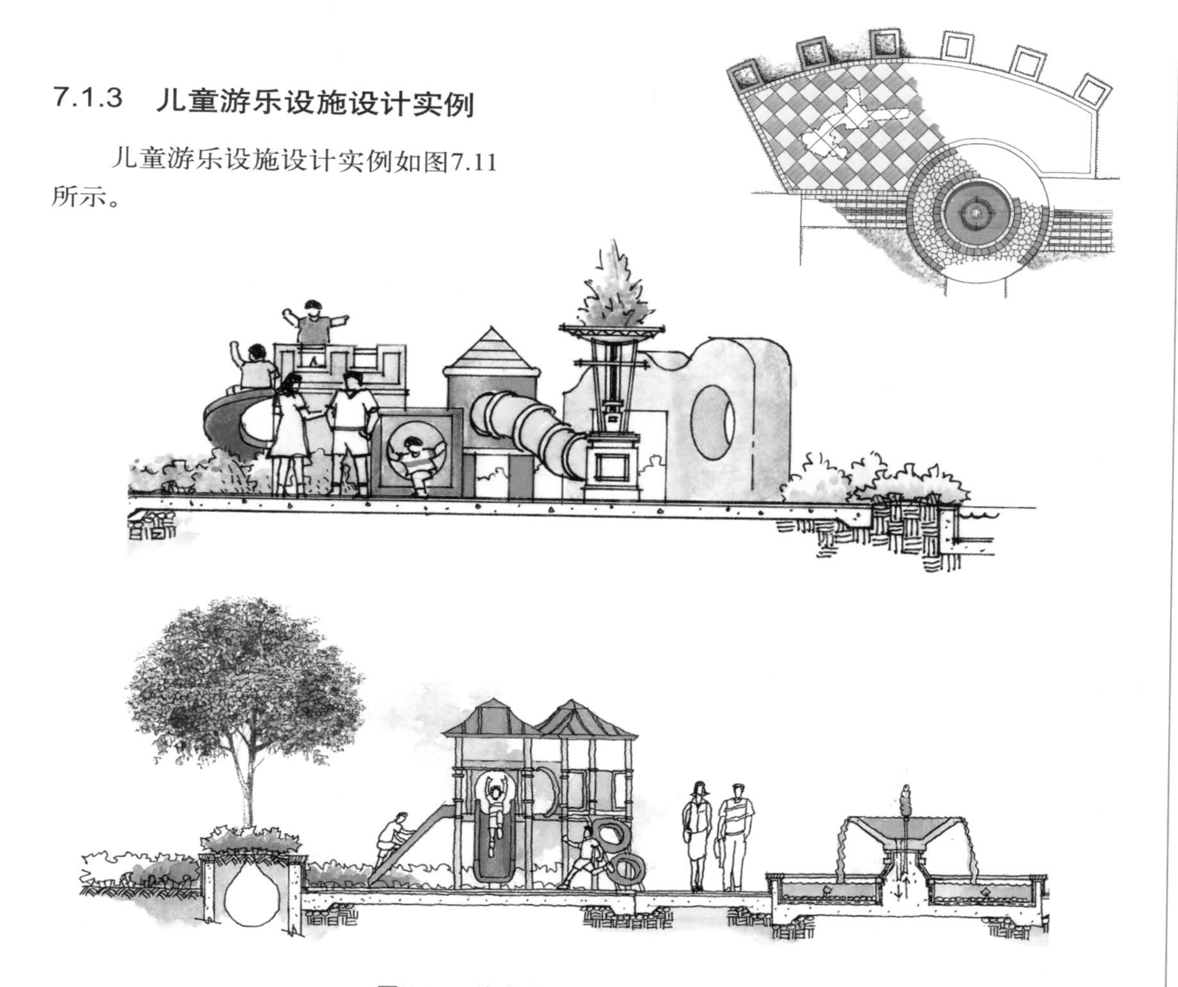

图7.11　儿童游乐场平、立、剖面图

7.1.4 儿童游乐设施案例赏析

儿童游乐设施案例如图7.12所示。

图7.12 儿童各种游乐设施

7.2 体育运动设施

7.2.1 体育运动设施的类型及设计要点

体育运动类环境设施与小品有网球场、篮球场、羽毛球场、乒乓球场、排球场、足球场、新式门球场等，各设施大小和设计要点如下。

1．网球场

1) 尺寸

场地长×宽为36.57m×17.99m；单打场地长×宽为23.77m×8.23m；双打场地长×宽为23.77m×10.97m(图7.13)。

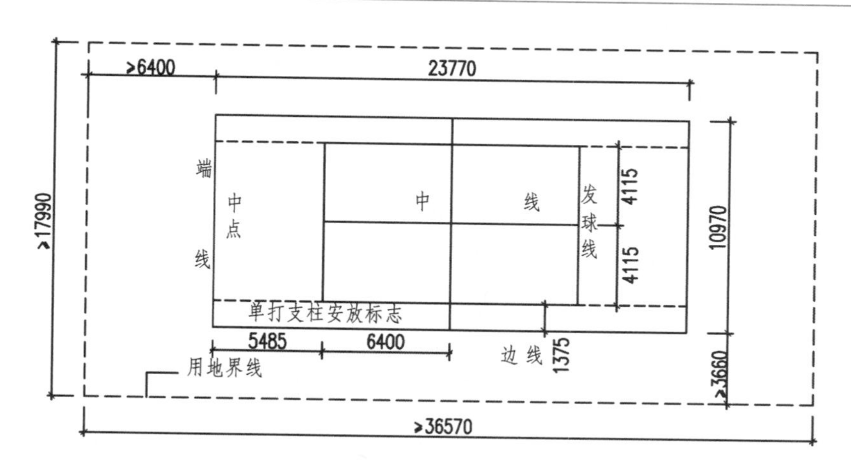

图7.13 网球场地示意图

2) 设计要点

(1) 应在场地设置休息用和放置随身用品的长凳。特别是场地数目较多的网球场，最好设置凉亭等庇荫设施。同时，入口附近设置饮水台。

(2) 边线至围网间的距离硬式场地与软式场地有差异，间距4～6m；每块场地边线的间距为5m以上，端线至围网的距离一般为6.5～8m，四周围网高度一般为3～4m。

(3) 将球场的长轴放在偏东西5°～15°的方向上(最好向西偏5°)。

(4) 建在风力较强地方的球场，尽量在围网上安装防风网。

(5) 网球场每片场地坡度应至少为1:360，最大不得超过1:120。

2．篮球场

1) 尺寸

标准场地长×宽为28m×15m；六人制大中学普通场地长×宽为(24～28)m×(14～15)m，六人制正式国际比赛场地长×宽为28m×15m(图7.14)。

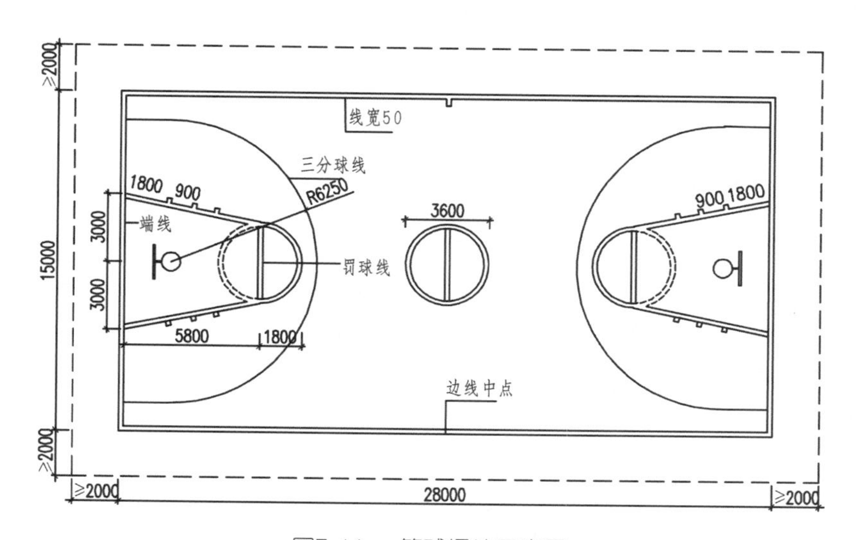

图7.14 篮球场地示意图

2) 设计要点

(1) 宜设置在避风或风小之处。布置方向以南北、西北或东南为宜。

(2) 端线与边线外无障碍区均在3m以上。

(3) 根据篮球运动的特点，场区地面应采用防滑铺装，同时解决排水和地面硬度问题，如选用沥青类、合成树脂类地面。篮球场排水坡度为6%～8%。

3．羽毛球场

1) 尺寸

单打场地长×宽为13.40m×5.18m；双打场地长×宽为13.40m×6.10m，球场上各条线宽均为4cm(图7.15)。

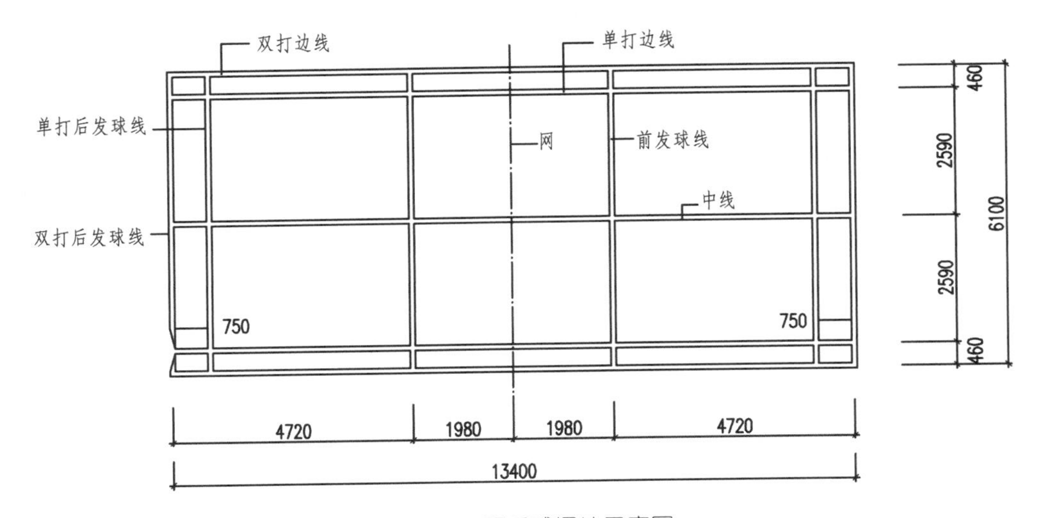

图7.15　羽毛球场地示意图

2) 设计要点

(1) 整个球场上空空间最低为9m，在这个高度以内，不得有任何横梁或其他障碍物，球场四周5m以内不得有任何障碍物。

(2) 任何并列的两个球场之间，最少应有2m的距离。

(3) 球场四周的墙壁最好为深色，不能有风。

(4) 羽毛球场表层排水坡度为1:100至 1:150。

4．乒乓球场

1) 尺寸

男、女单打和双打场地均相同，长×宽×高为14m×7m×4m；球桌长×宽×高应为2.74m×1.525m×0.76m，球网连柱的长度应为1.83m，高度则为15.25cm(图7.16)。

2) 设计要点

(1) 桌面应为暗色及没有光泽。

(2) 台面上空至少在4m内不得有障碍物。

(3) 宜设置在避风或风小之处，布置方向以南北、西北或东南为宜。

5. 排球场

1) 尺寸

标准场地长×宽为9m×18m，男子网高为2.43m，女子为2.24m(图7.17)。

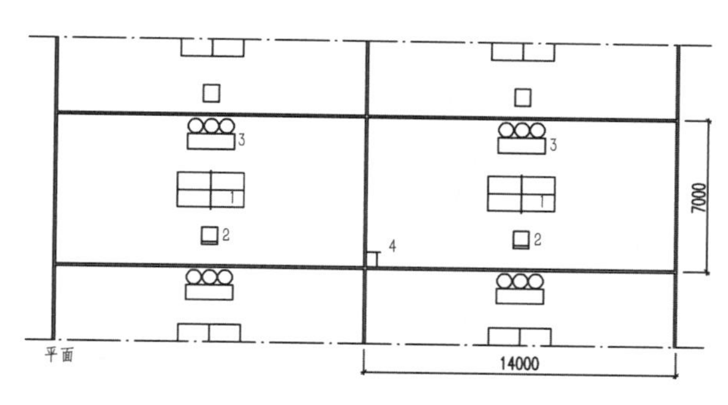

图7.16 乒乓球场地示意图

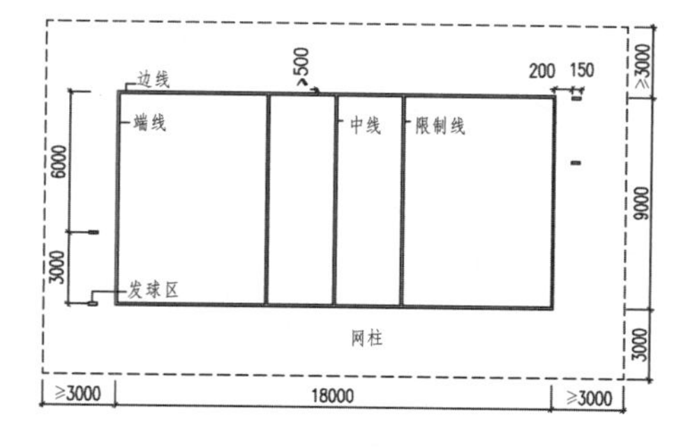

图7.17 排球球场地示意图

2) 设计要点

(1) 四周至少有3m宽的无障碍区，从地面量起至少有7m的无障碍空间。国际排联世界性比赛场地边线外的无障碍区至少5m，端线外至少8m，比赛场地上空的无障碍空间至少12.5m高。

(2) 场地地面一般采用黏土铺装，必须是浅色的。表面做统一整平处理，且能够排水，每米可有5mm的坡度。

(3) 室外场地一般要求长轴南北向。

6. 足球场

1) 尺寸

具体见图7.18及表7-1、表7-2。

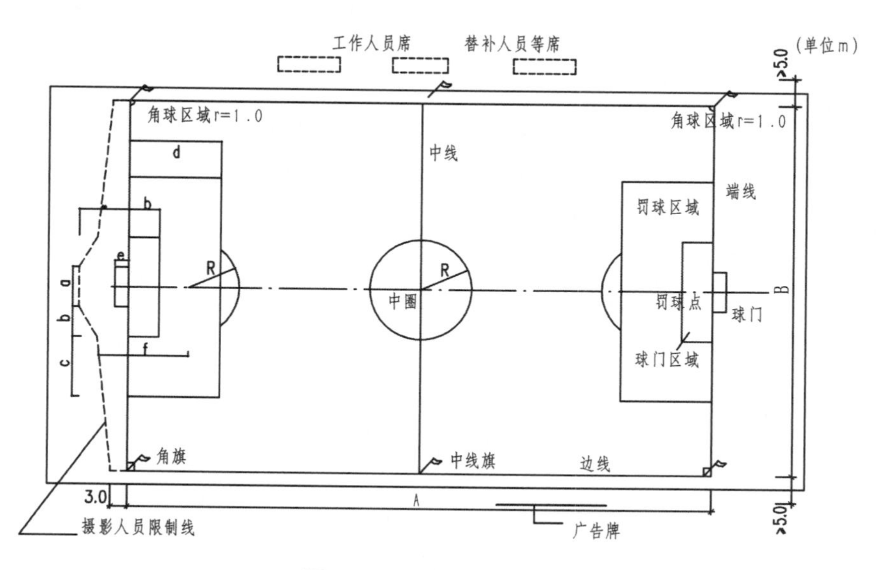

图7.18 足球场地示意图

表7-1　足球场尺寸

类别	使用性质	长/m	宽/m
标准足球场	一般性比赛	100~110	64~75
	国际性比赛	105~110	68~75
	设在400m标准跑道内时(常用)	105 104	68 69
	专用足球比赛时(常用)	105	70
小型足球场	非正规比赛(可东西划分为两个小场)	90~110	45~75

表7-2　足球场地具体尺寸　　单位：m

类别	A	B	R	a	b	c	d	e	f
标准足球场	见表7-1	见表7-1	9.15	7.32	5.50	11.00	16.50	2.44	11.00
小型足球场			6.00	5.50	4.50	8.50	13.00	2.20	9.00

2) 设计要点

(1) 足球场宜为天然草皮地面，草地范围应超出边界线1.5m以外。

(2) 场地应有良好的排水和渗水性能，与场地长轴线成直角方向的坡度，不小于0.3%。

(3) 避免长轴与主导风向平行和正对太阳产生眩光，根据当地地理位置、风向和比赛时间等因素确定最佳方位，国际足联提出偏东或偏西不得超过15°。

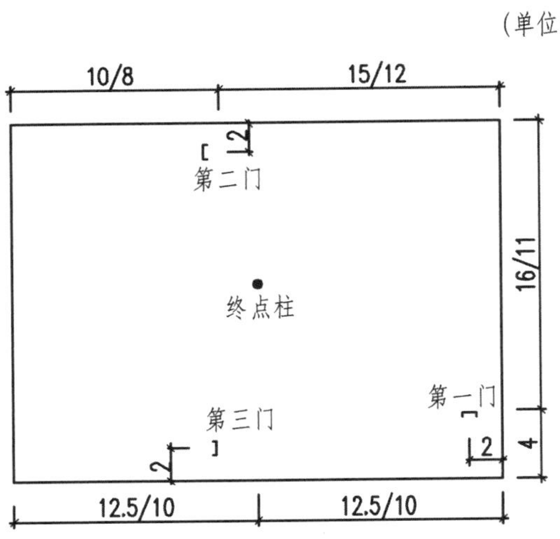

图7.19　新式门球场地示意图

7. 新式门球场

1) 尺寸

比赛区长×宽为(20m±5cm)×(15m±5cm)，由带状比赛线的外沿圈定。周围尽可能留出2m左右的自由区(图7.19)。

2) 设计要点

(1) 地面一般采用黏土或草坪铺装，透水型人工草坪更为合适。

(2) 标准地面排水坡度为0.3%。

(3) 球场方位不必作特别考虑。

(4) 应设置凉亭等休息设施，以便老年人使用。

7.2.2 体育运动设施设计实例

体育运动设施设计实例如图7.20和图7.21所示。

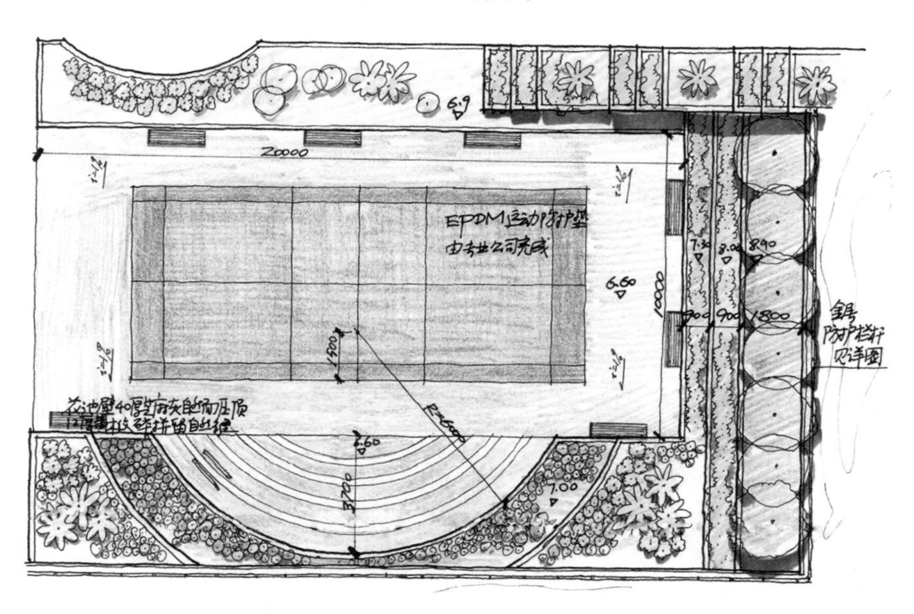

图7.20　羽毛球场平面图

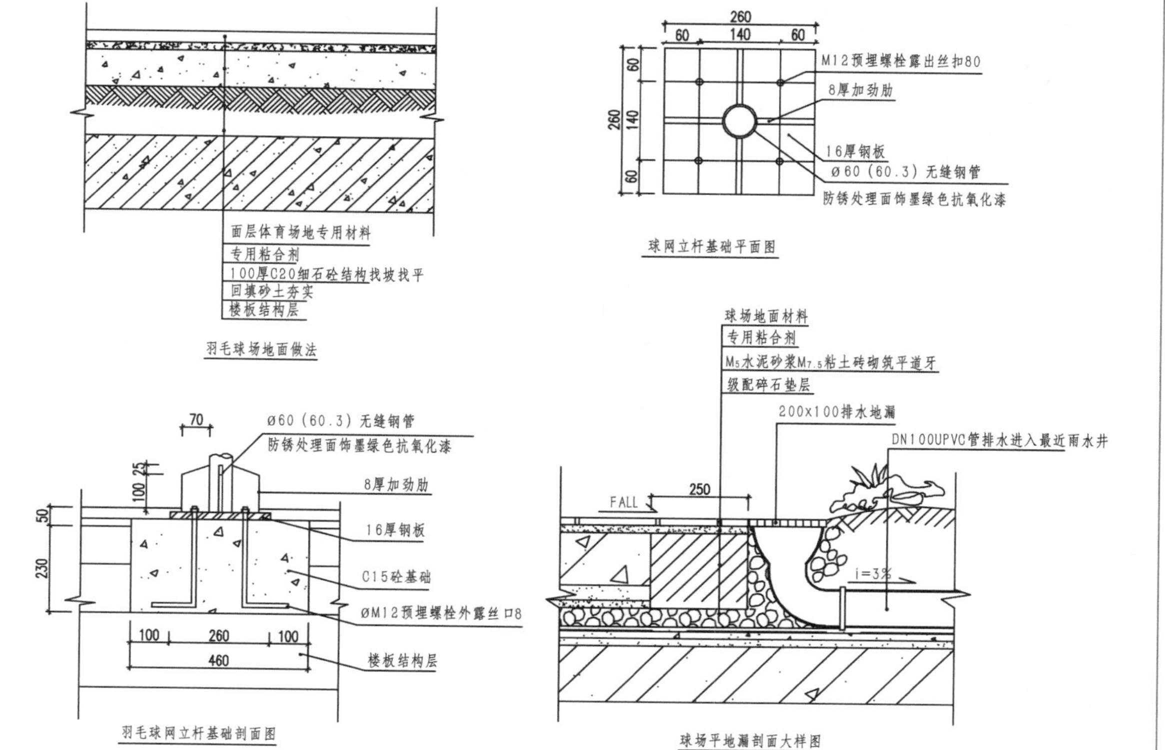

图7.21　羽毛球场施工图

7.3 公共健身设施

7.3.1 公共健身设施设置的注意事项

公共健身设施是指在城市户外环境中安装固定的，人们通过娱乐的方式进行体育活动，对身体素质能起到一定的提高作用的器材和设施。随着全民健身运动的普及，健身器材在很多公共绿地、广场、公园、居住小区、屋顶平台等均设有设置，为人们休闲、锻炼、运动提供了条件，成为市民喜闻乐见的一种锻炼健身形式(图7.22、图7.23)。公共健身设施设置的注意事项如下。

(1) 健身器械一般体量较小，不需要大面积用地，且用地形状也比较灵活。其设置地点一定要结合社区的具体条件，考虑居民的锻炼要求，有针对性有选择地进行配置，以满足不同人群的需要，丰富社区生活。

(2) 健身器械可作为小型广场的主题集中布置，也可以布置在广场绿化周边，也可以沿景观路线作线性布置。

(3) 健身器械应选择在阳光充足、通风良好、绿化景观丰富的地方。

(4) 健身器械的造型和色彩应该与整体环境结合起来考虑，同时还要考虑其休息、娱乐、导向、装饰等功能。

图7.22 针对儿童的健身设施

图7.23 针对成年的健身设施

7.3.2 公共健身设施设计实例

公共健身设施设计实例如图7.24和图7.25所示。

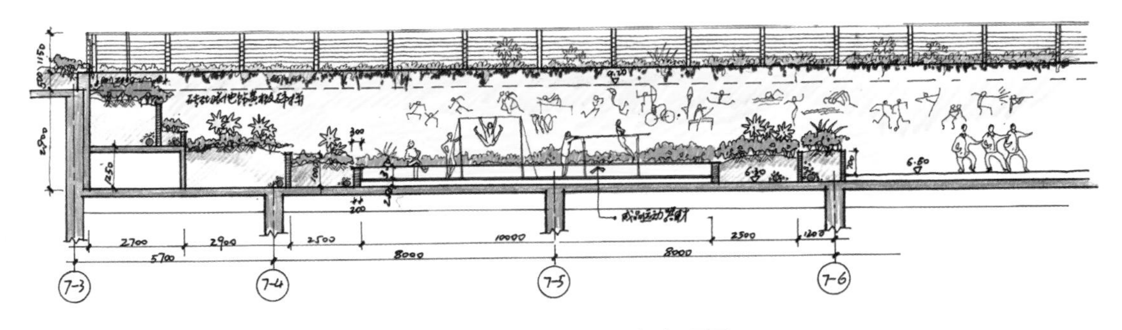

图7.24 公共健身广场剖立面图

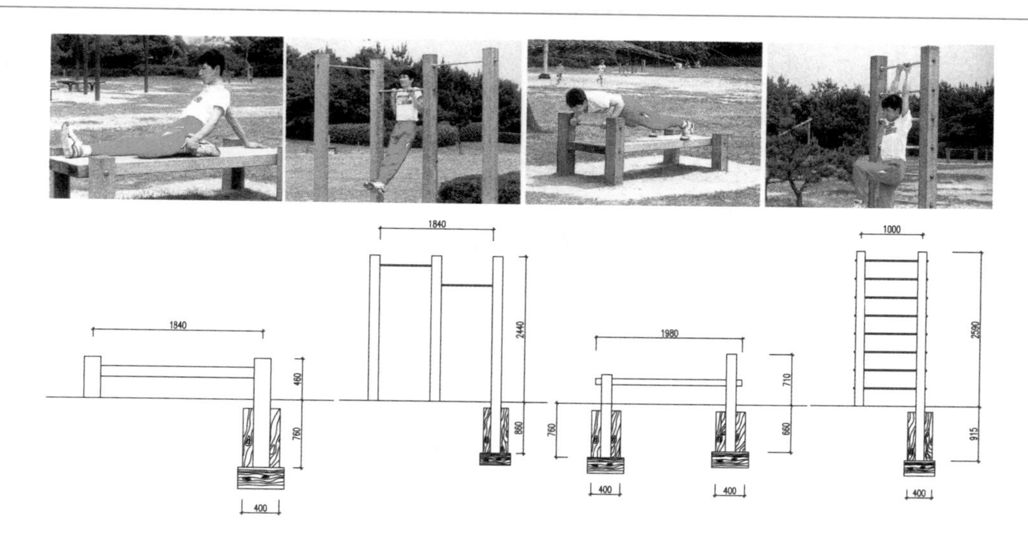

图7.25 公共健身设施施工图

7.3.3 公共健身设施案例赏析

公共健身设施案例如图7.26所示。

图7.26 尼古拉斯·比斯布兰广场公共健身设施

本章思考题

■ 游乐设施有哪几种方式?
■ 游乐设施设计应注意哪些问题?
■ 儿童游戏器械的活动尺度是多少?
■ 儿童、青少年和成年人对于游乐的心理特征有哪些?

作业练习

■ 在主题公园中，采用不同的造型方法，设计组合器械，对该设计主题构思、风格、材料等加以说明，300字以内。

附录 1

混凝土路面构造

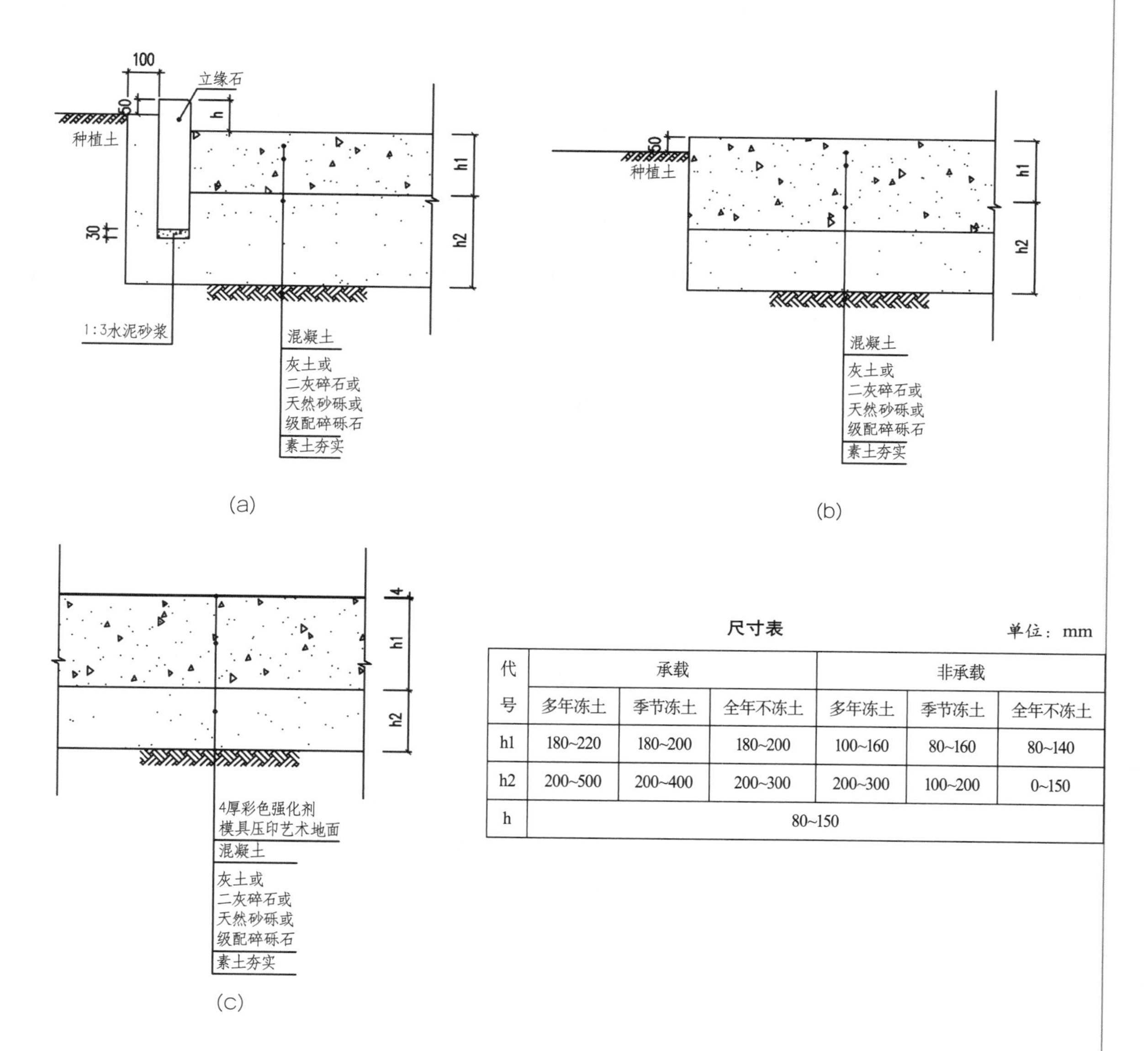

尺寸表 单位：mm

代号	承载			非承载		
	多年冻土	季节冻土	全年不冻土	多年冻土	季节冻土	全年不冻土
h1	180~220	180~200	180~200	100~160	80~160	80~140
h2	200~500	200~400	200~300	200~300	100~200	0~150
h	80~150					

说明：

(1) 承载道路混凝土标号不低于C30，非承载道路混凝土标号不低于C20。

(2) 路宽B<5m时，混凝土沿路纵向每隔4m分块做缩缝；当路宽>5m时，沿路中心线做纵缝，沿路纵轴方向每隔4m分块做缩缝；广场按4m × 4m分块做缝。

(3) 混凝土纵向长约20m左右或与不同构筑物衔接时须做膨胀缝。

(4) 缘石可选用石材、混凝土等，或由设计定。

沥青路面构造（一）

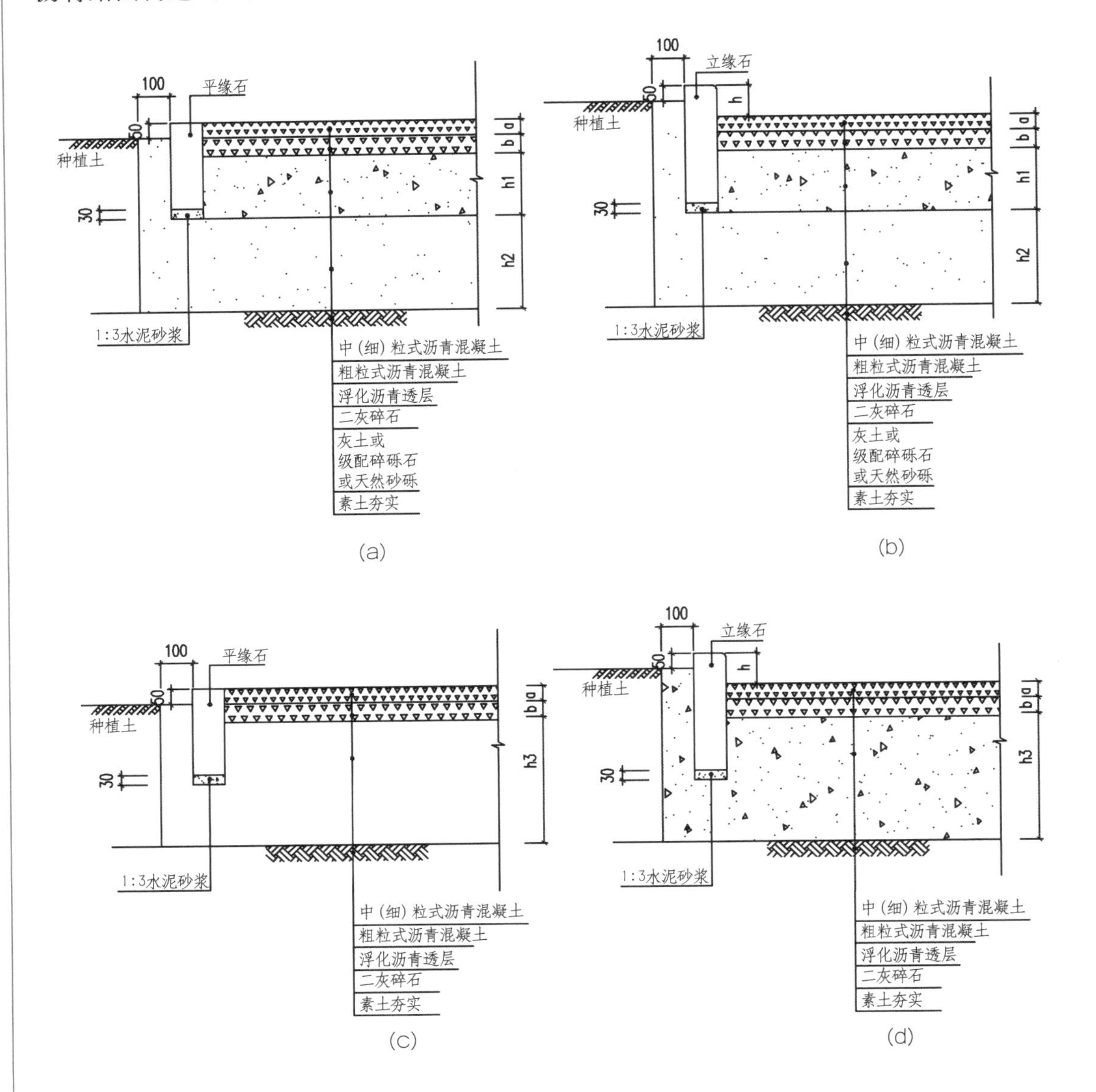

尺寸表 单位：mm

代号	承载		
	多年冻土	季节冻土	全年不冻土
h1	150~300	150~250	100~200
h2	200~400	150~300	150~250
h3	300~500	300~450	250~300
h	80~150		
a	30~60		
b	40~60		

说明：

(1) 缘石可选用石材、混凝土等，或由设计定。

(2) 乳化沥青透层的沥青用量1.0L/m²，上铺5~10mm碎石或粗砂用量3m³/1000m²。

(3) 本图适用于交通量比较大的承载道路。

沥青路面构造（二）

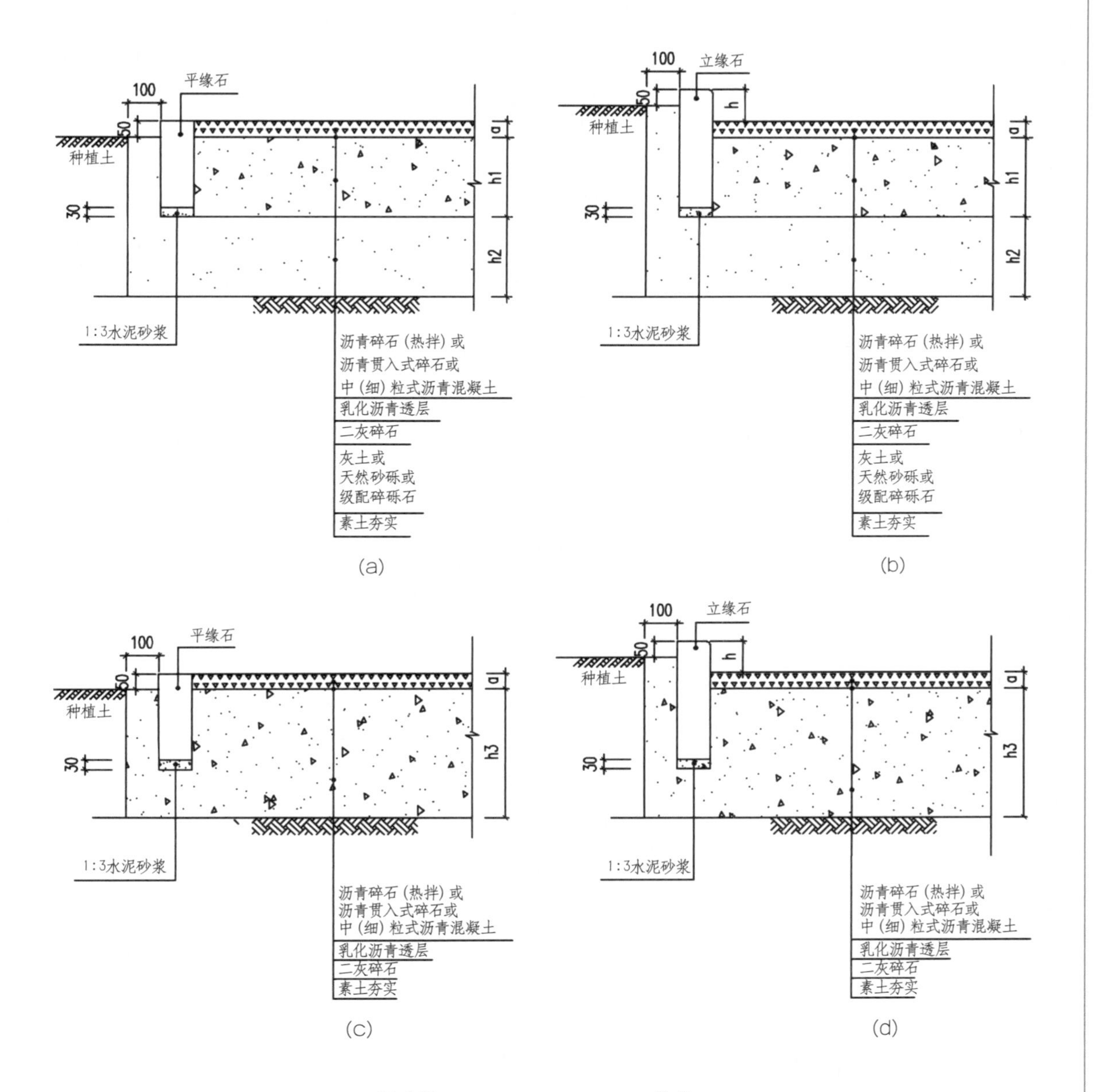

(a) (b) (c) (d)

尺寸表 单位：mm

代号	承载			非承载		
	多年冻土	季节冻土	全年不冻土	多年冻土	季节冻土	全年不冻土
h1	150~200	150~200	150~200	150~200	150~200	150~200
h2	200~300	150~300	100~200	0~200	0~200	0
h3	300~450	300~400	200~300	200~300	200~300	100~200
h	80~150					
a	40~60					

说明：

(1) 缘石可选用石材、混凝土等，或由设计定。

(2) 乳化沥青透层的沥青用量1.0L/m^2，上铺5~10mm碎石或粗砂用量3m^3/1000m^2。

(3) 本图适用于非承载或交通量比较小的承载道路。

砌块砖路面构造

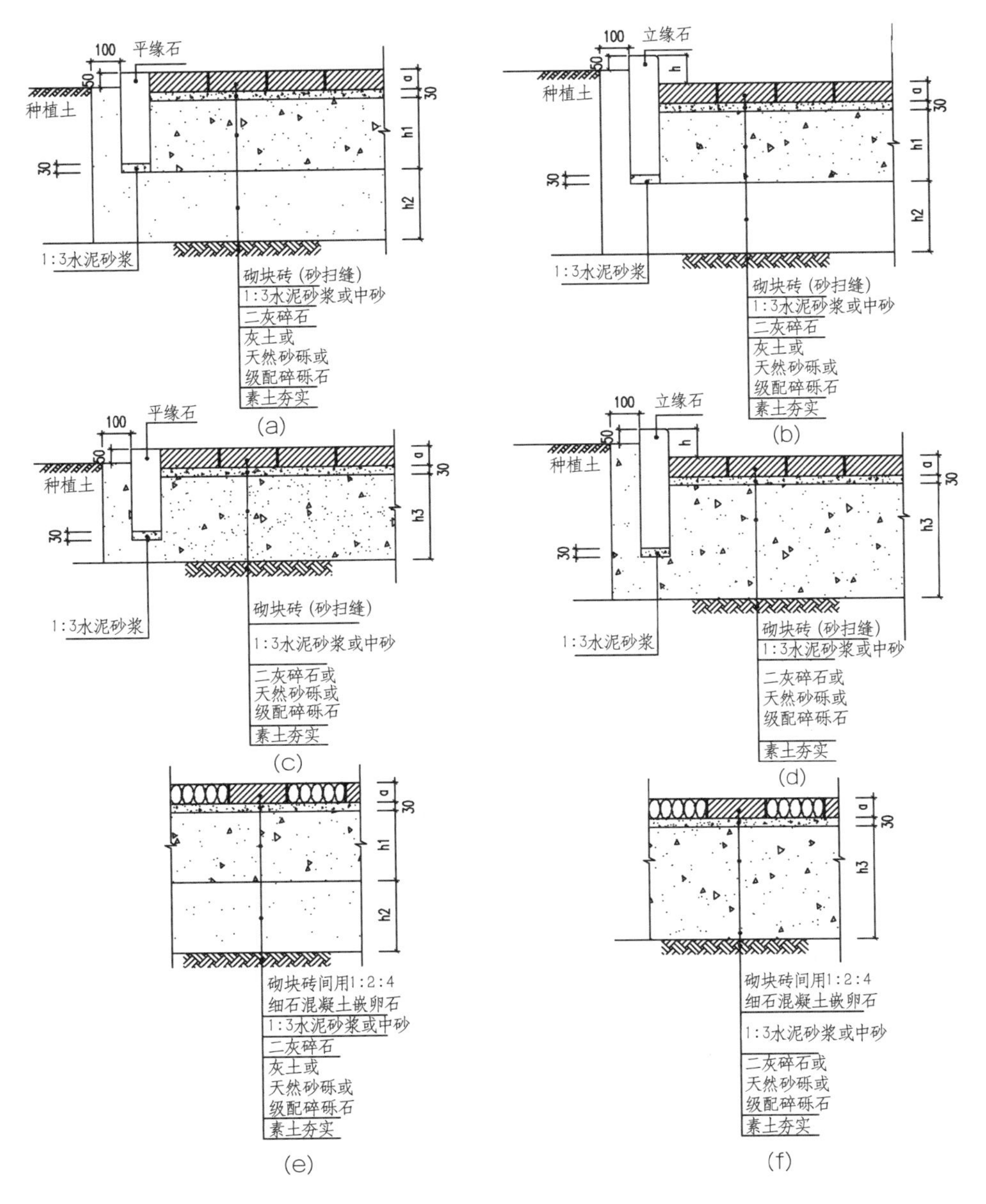

尺寸表 单位：mm

代号	承载			非承载		
	多年冻土	季节冻土	全年不冻土	多年冻土	季节冻土	全年不冻土
h1	150~200	150~200	150~200	100~200	100~200	100~200
h2	250~400	200~350	150~300	150~300	100~200	0
h3	300~500	300~450	250~400	250~350	200~300	150~250
h	80~150					
a	40~115					

说明：

(1) 砌块砖铺装时水泥砂浆的含水量为30%。

(2) 缘石可选用石材、混凝土等，或由设计定。

(3) 水泥砖、非粘土烧结构砖构造同本图构造。

嵌草砖路面构造

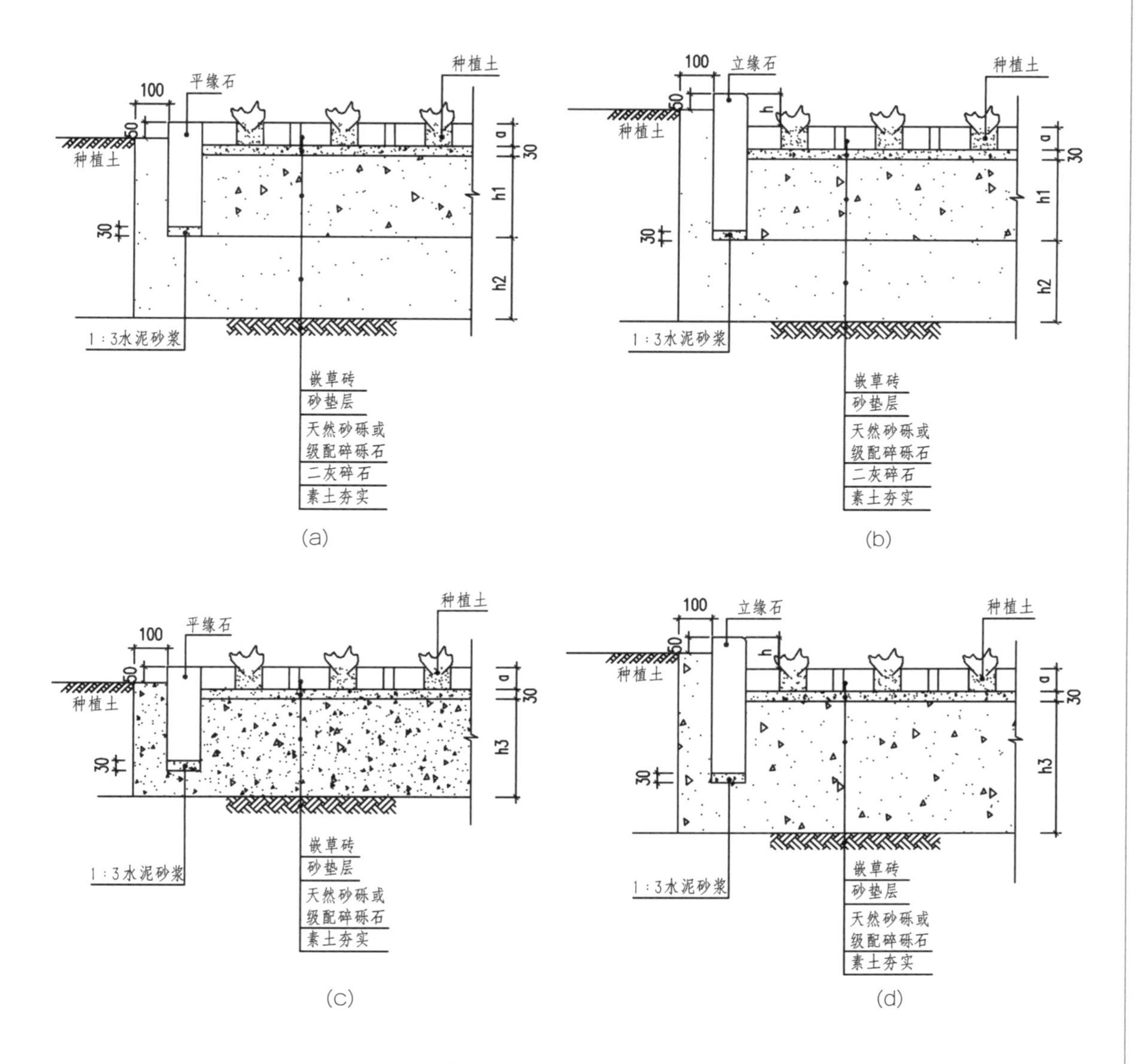

(a) (b) (c) (d)

尺寸表 单位：mm

代号	承载			非承载		
	多年冻土	季节冻土	全年不冻土	多年冻土	季节冻土	全年不冻土
h1	150~200	150~200	150~200	100~150	100~150	100~150
h2	250~400	200~350	150~300	150~300	100~200	0
h3	300~500	300~450	250~400	250~350	200~300	150~200
h	80~150					
a	50~80					

说明：

(1) 嵌草砖可采用水泥砖、非黏土砖、透气透水环保砖及塑料网格等，本图嵌草部分为示意，尺寸由设计确定。

(2) 缘石可选用石材、混凝土等，或由设计定。

(3) (a)、(b)适用于承载地段，(c)、(d)适用于非承载地段。

花砖、石板路面构造

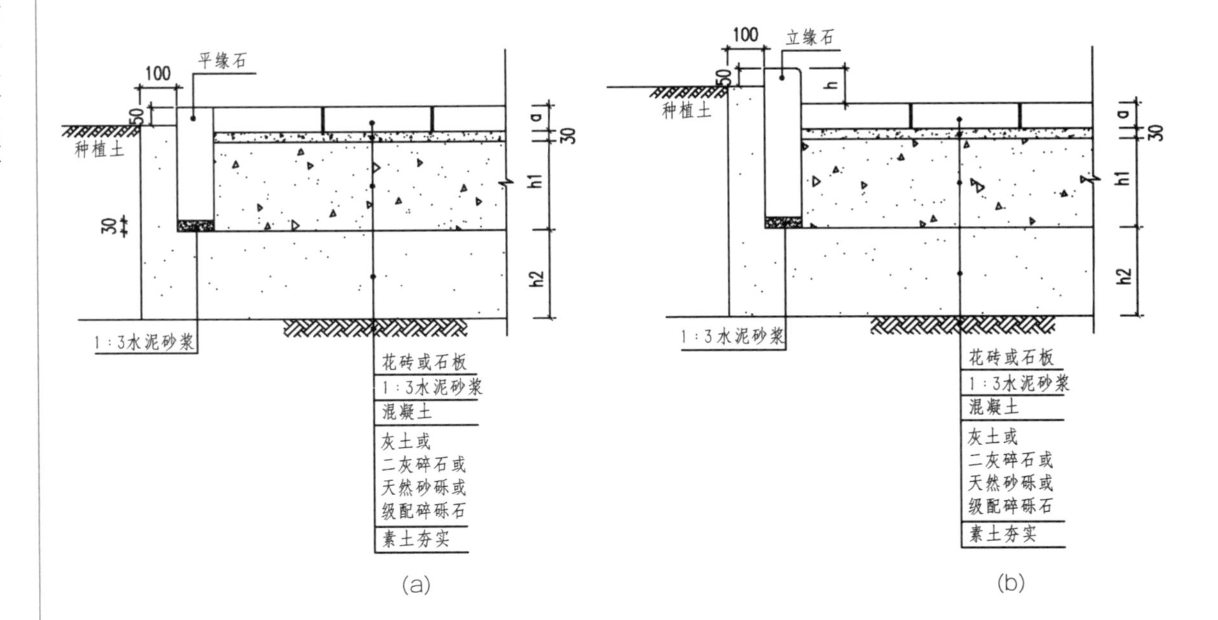

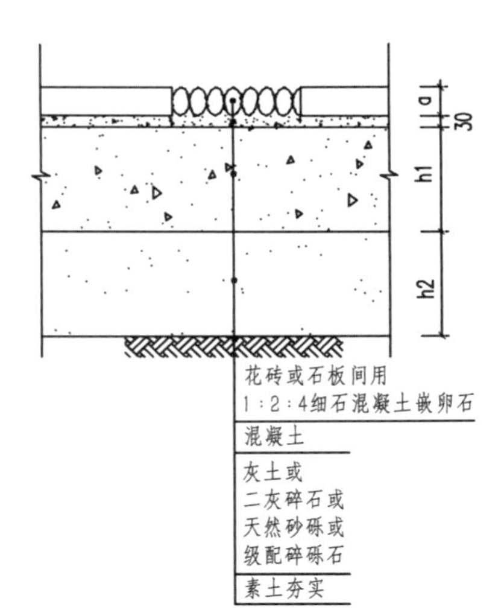

说明：

(1) 花砖指广场砖和仿古地砖，石板为各种天然石板材。

(2) 花砖用1：1水泥砂浆勾缝，石板用1：2水泥砂浆勾缝或细砂扫缝。

(3) 路宽B<5m时，混凝土沿路纵向每隔4m分块做缩缝；路宽B>5m时，沿路中心线做纵缝，沿路纵轴方向每隔4m分块做缩缝；广场按4m×4m分块做缝。

(4) 混凝土纵向长约20m左右或与不同构筑物衔接时做膨胀缝。

(5) 混凝土标号不低于C20。

(6) 缘石可选用石材、混凝土等，或由设计定。

尺寸表 单位：mm

代号	承载			非承载		
	多年冻土	季节冻土	全年不冻土	多年冻土	季节冻土	全年不冻土
h1	150~200	150~200	150~200	100~150	100~150	100~150
h2	250~400	200~350	150~300	150~300	100~200	0
h	80~150					
a	12~60					

料石路面构造

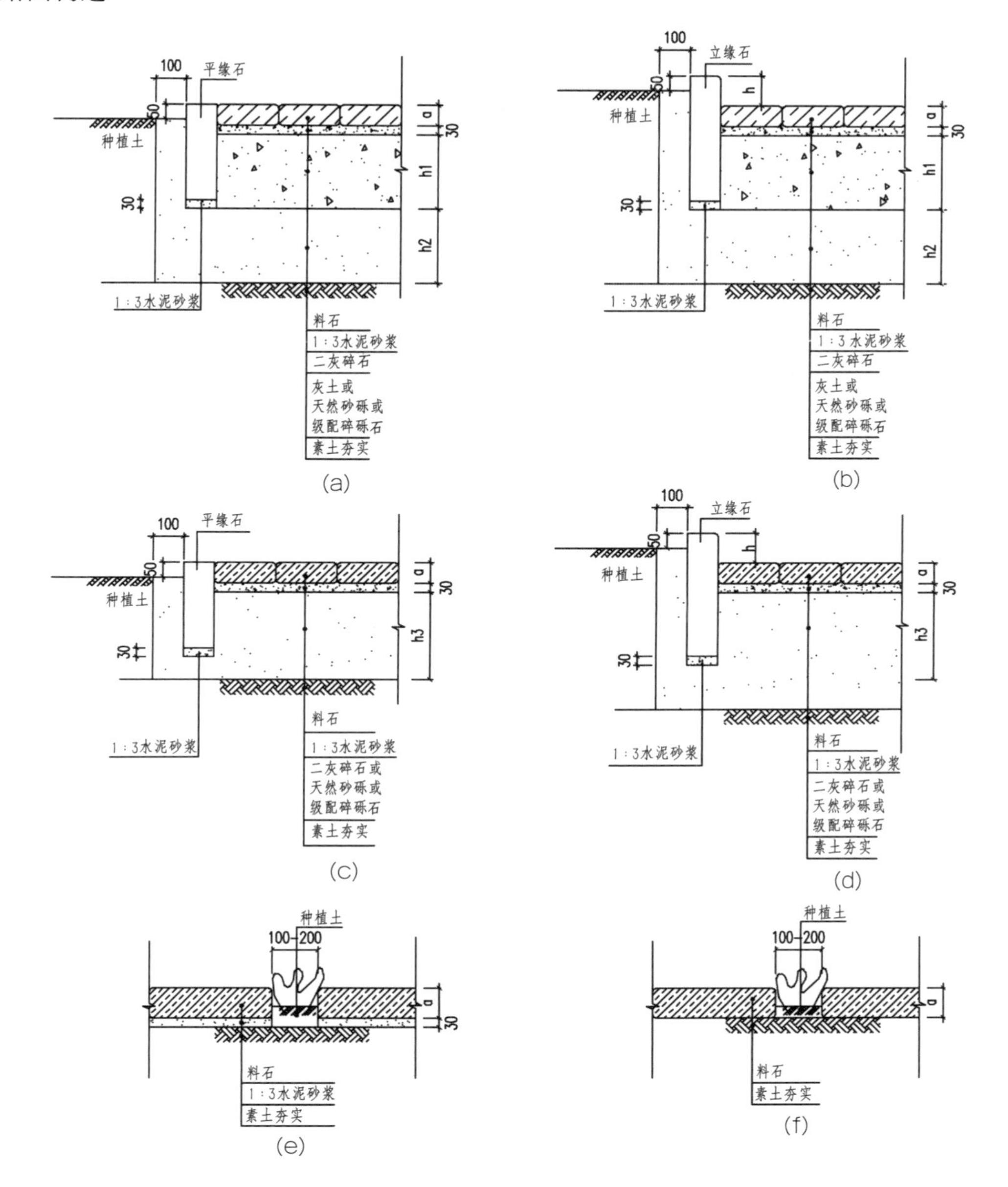

尺寸表 单位：mm

代号	承载			非承载		
	多年冻土	季节冻土	全年不冻土	多年冻土	季节冻土	全年不冻土
h1	150~300	150~250	150~200	100~300	100~200	100~200
h2	250~400	200~350	150~300	150~300	100~200	0
h3	300~400	250~350	200~350	200~300	150~250	100~200
h	80~150					
a	>60					

说明：

(1) 料石为天然或加工的石材。

(2) 缘石可选用石材、混凝土等。

(3) 面层缝可用砂扫或用1∶2水泥砂浆勾缝。

(4) e, f适用于绿地内踏步。

卵石、水洗豆石路面构造

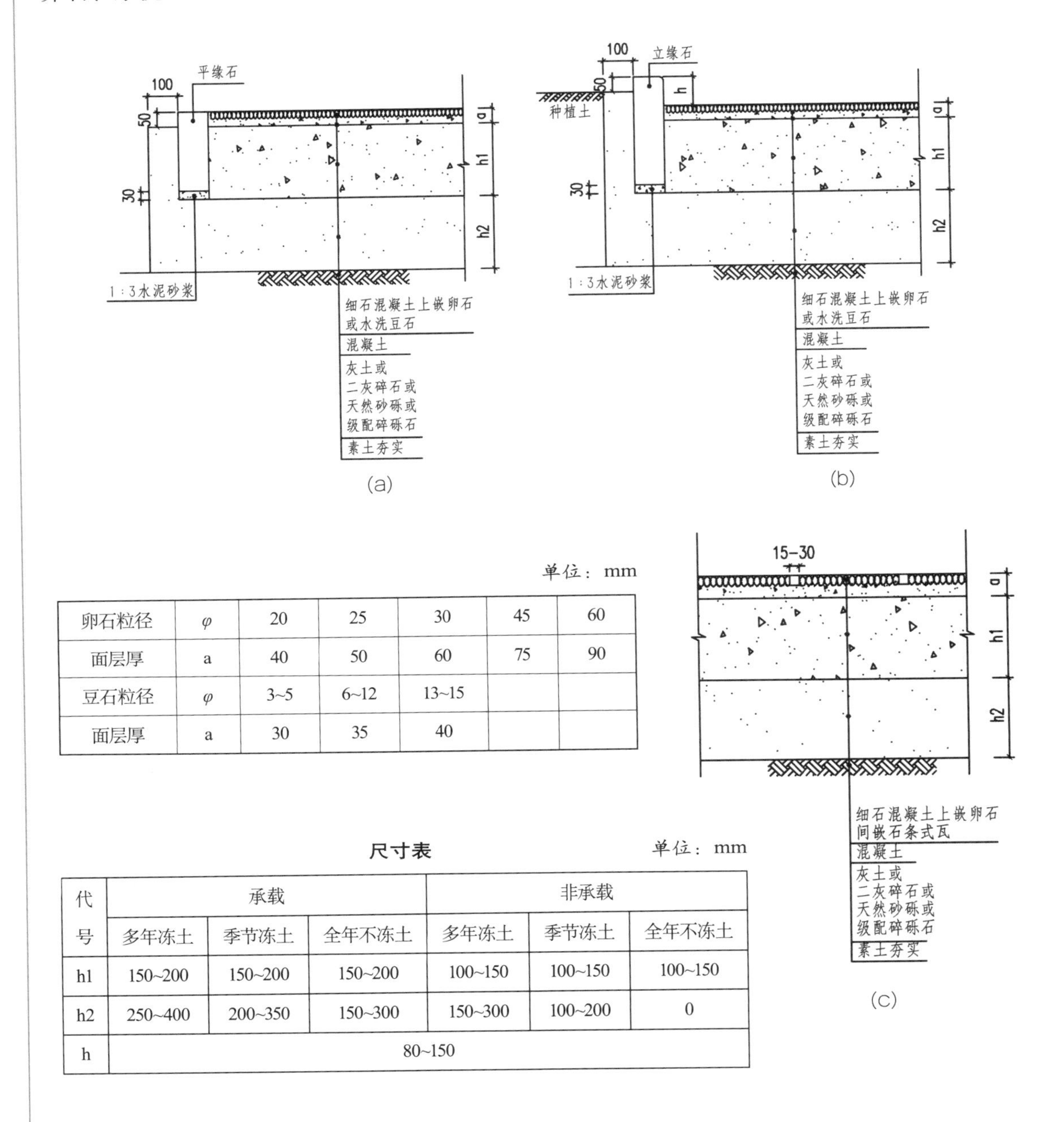

单位：mm

卵石粒径	φ	20	25	30	45	60
面层厚	a	40	50	60	75	90
豆石粒径	φ	3~5	6~12	13~15		
面层厚	a	30	35	40		

尺寸表　　单位：mm

代号	承载			非承载		
	多年冻土	季节冻土	全年不冻土	多年冻土	季节冻土	全年不冻土
h1	150~200	150~200	150~200	100~150	100~150	100~150
h2	250~400	200~350	150~300	150~300	100~200	0
h	80~150					

说明：

(1) 面层为1：2：4的细石混凝土嵌卵石、水洗豆石、石条或瓦。

(2) 路宽B<5m时，混凝土沿路纵向每隔4m分块做缩缝；路宽B>5m时，沿路中心线做纵缝，沿路纵轴方向每隔4m分块做缩缝；广场按4m×4m分块做缝。

(3) 混凝土纵向长约20m左右或与不同构筑物衔接时须做膨胀缝。

(4) 混凝土标号不低于C20。

(5) 缘石可选用石材、混凝土等，或由设计定。

木板路面构造

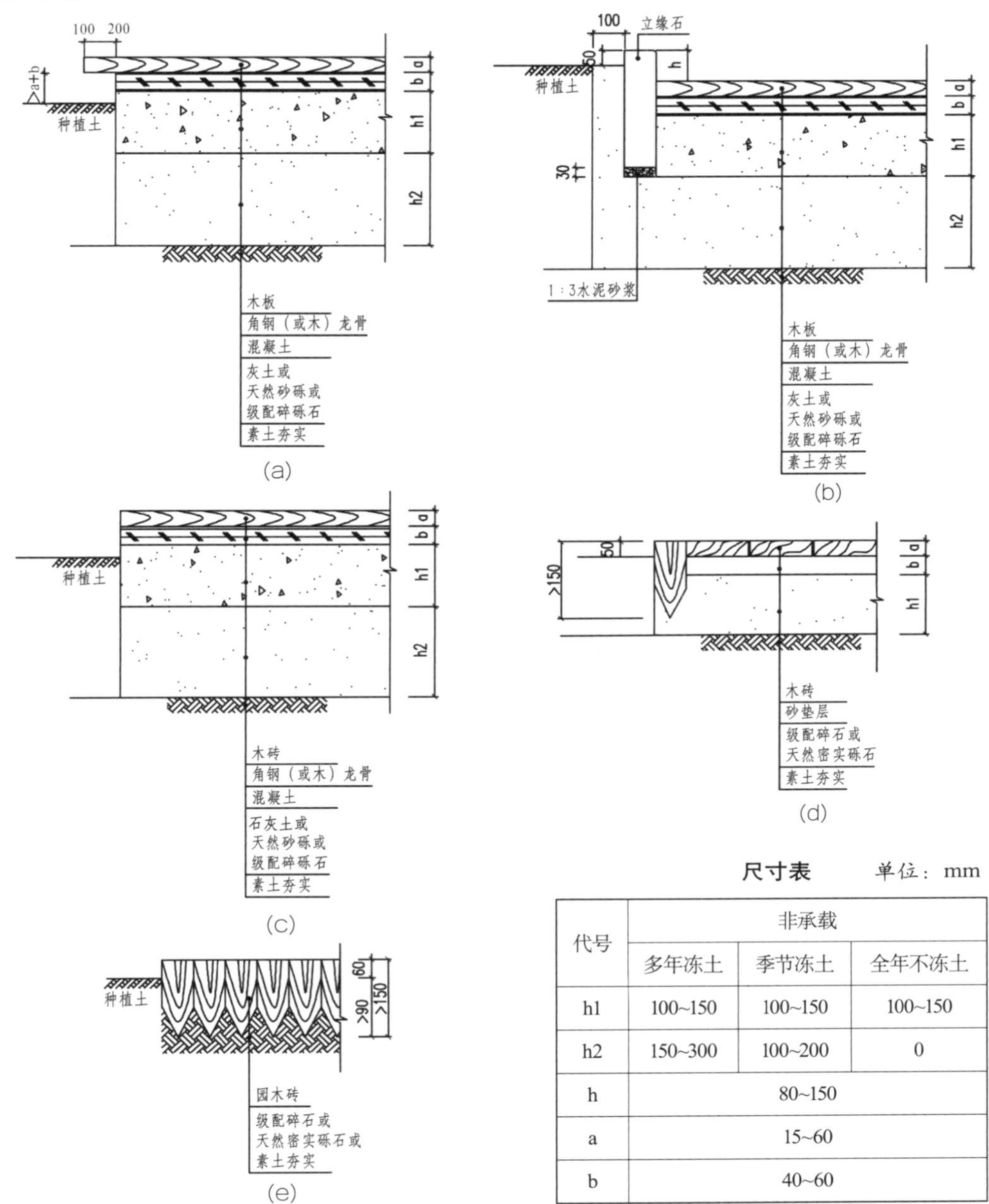

尺寸表 单位：mm

代号	非承载		
	多年冻土	季节冻土	全年不冻土
h1	100~150	100~150	100~150
h2	150~300	100~200	0
h	80~150		
a	15~60		
b	40~60		

说明：

(1) 所用木材应经过防腐、防水、防虫处理。

(2) 角钢应经过防锈处理。

(3) 角钢龙骨所用角钢型号及木龙骨尺寸由设计定，间距0.5~1.0m，龙骨可用螺栓或砂浆固定，木板与龙骨可用胶式木螺栓固定。

(4) 路宽B<5m时，混凝土沿路纵向每隔4m分块做缩缝；路宽B>5m时，沿路中心线做纵缝，沿路纵轴方向每隔4m分块做缩缝；广场按4m × 4m分块做缝。

(5) 混凝土纵向长约20m左右或与不同构筑物衔接时须做膨胀缝。

(6) 混凝土标号不低于C20。

(7) 缘石可选用石材、混凝土等，或由设计定。

合成材料路面构造

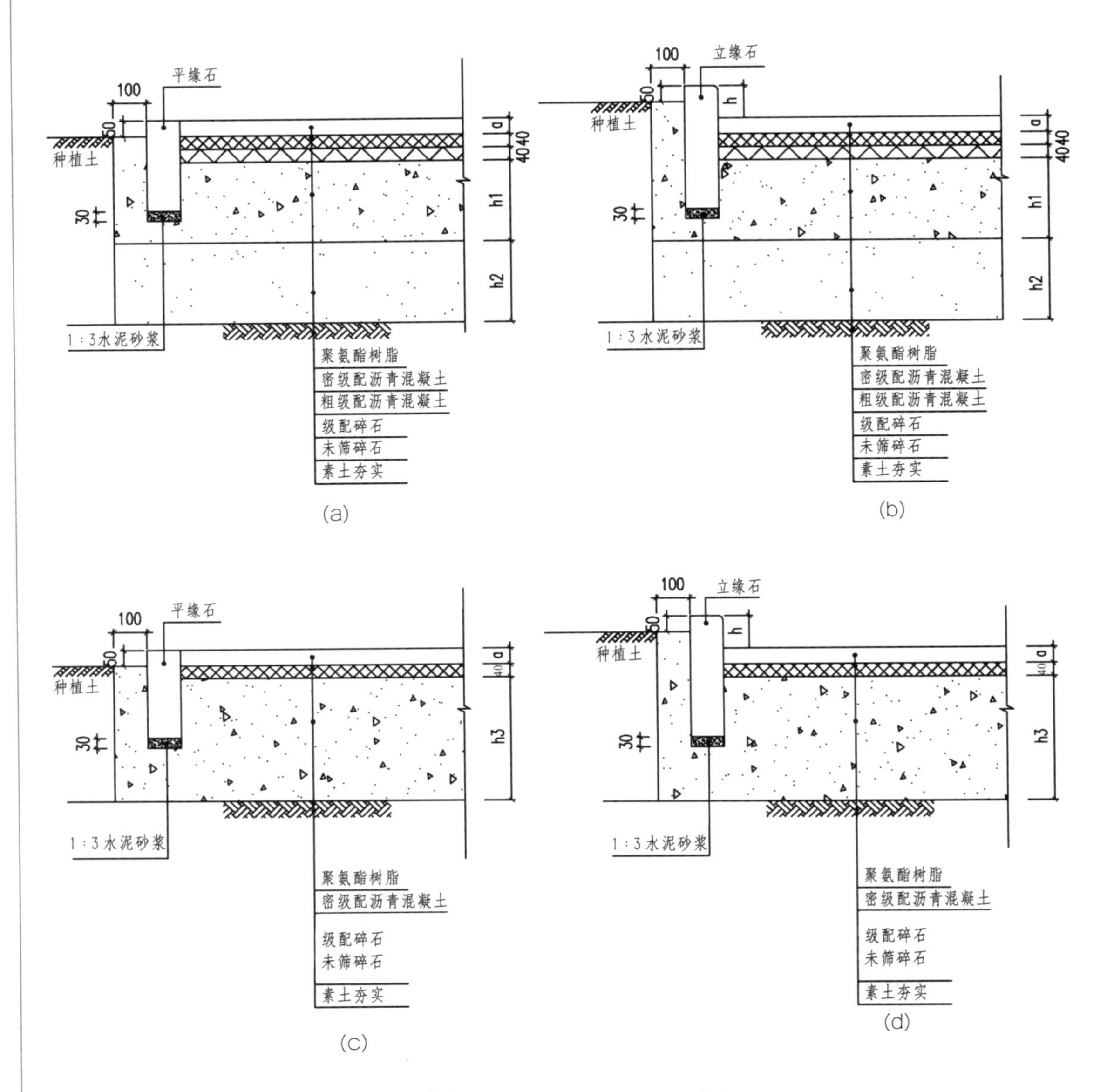

尺寸表 单位：mm

代号	承载			非承载		
	多年冻土	季节冻土	全年不冻土	多年冻土	季节冻土	全年不冻土
h1	150~200	150~200	150~200	100~150	100~150	100~150
h2	250~400	200~350	150~300	150~300	100~200	0
h3	300~500	300~450	250~400	250~350	200~300	150~200
h	80~150					
a	10~20					

说明：

缘石可选用石材、混凝土等，也可由设计定。

附录 2

小型水池　　　　大中型水池

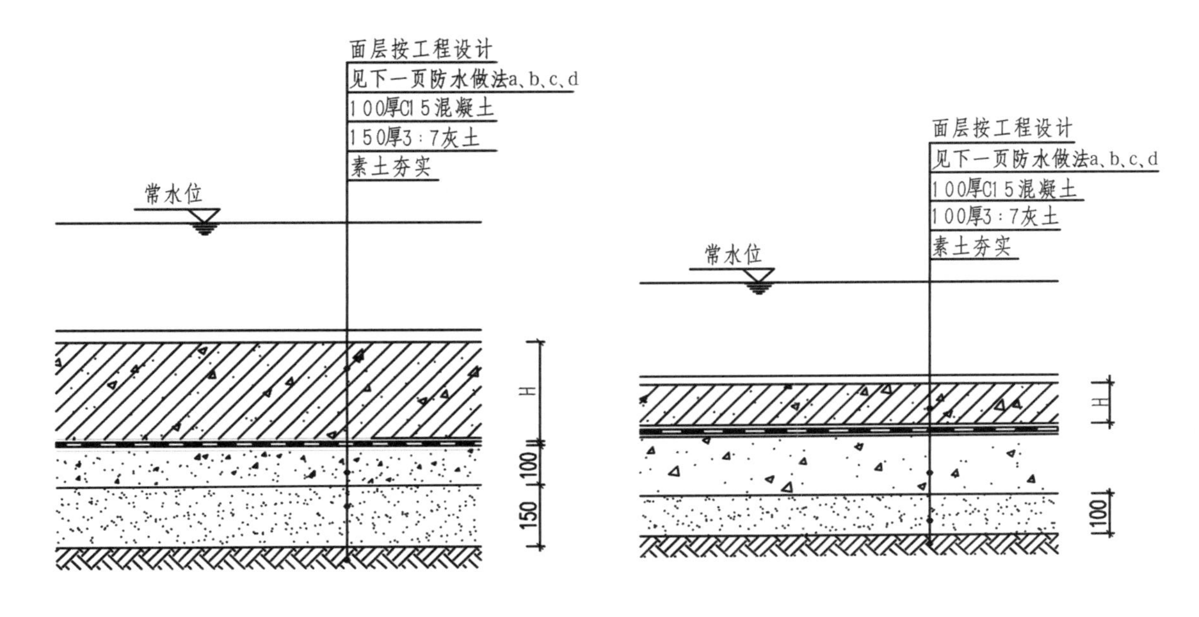

防止地基下沉水池　　　　黏土底水池

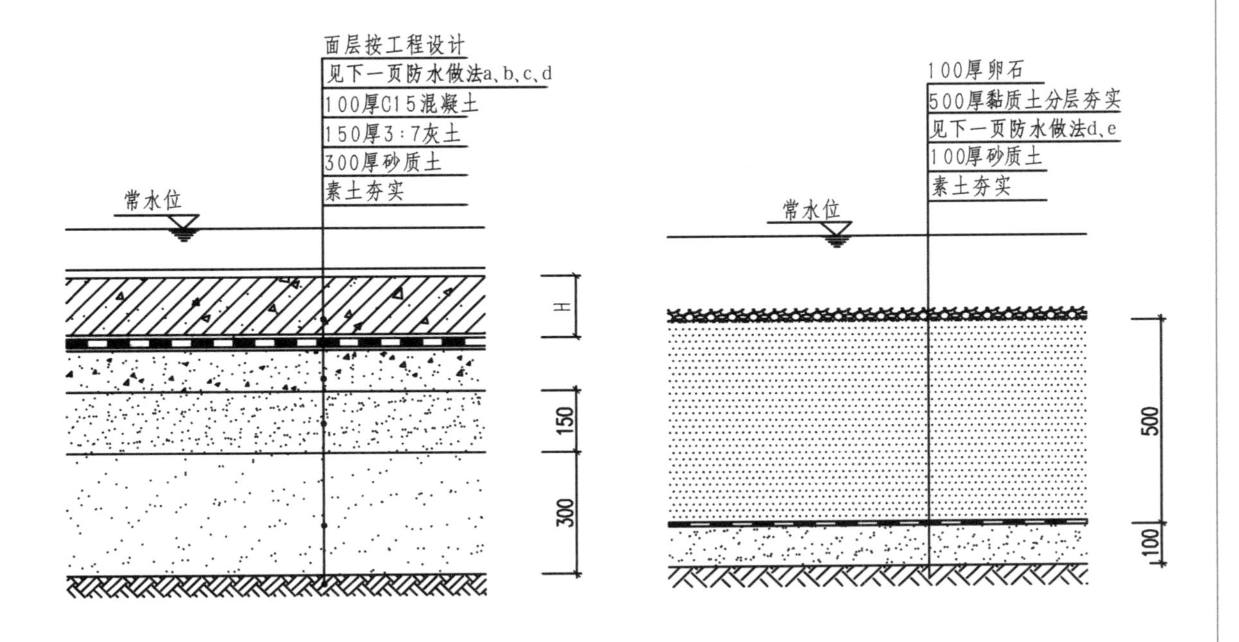

屋顶上水池　　　　砂土底水池

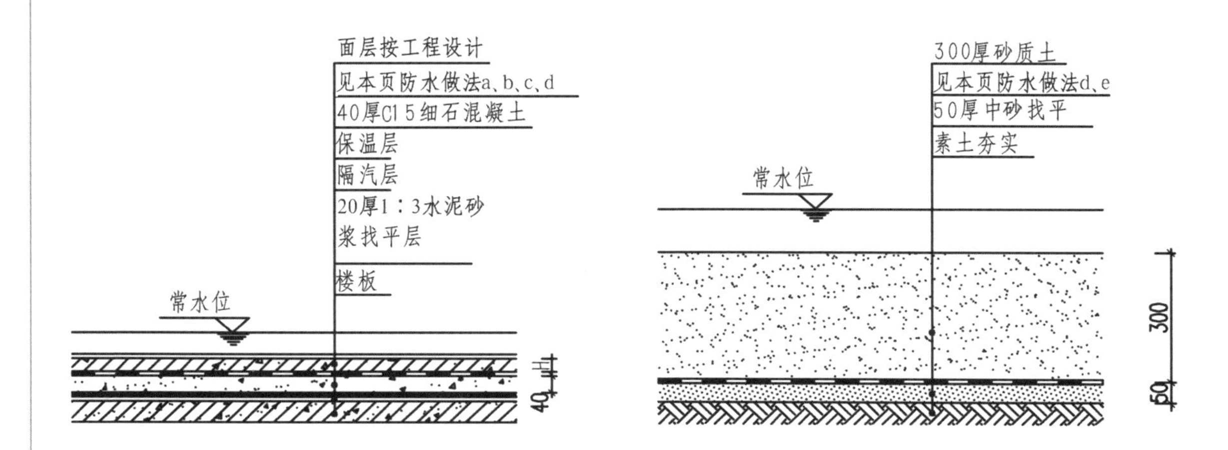

防水做法：

a. ①20厚1：3水泥砂浆找平层；②防水层(按防水等级要求选择材料，见工程设计)；③20厚1：3水泥砂浆保护层；④防水钢筋混凝土池底(壁)。

b. 水泥基渗透结晶型掺合剂(赛柏斯)防水钢筋混凝土池底(壁)。

c. ①钢筋混凝土池底(壁)；②水泥基渗透结晶型浓缩剂和增效剂涂料(赛柏斯)防水层。

d. ①土工布一层；②EPDM复合防水卷材。

e. 膨润土防水毯。

喷泉

散置卵石（φ3.5～5cm黑白色5：1）
素水泥砂浆结合层一道
钢筋混凝土池底
（当采用防水做法d时增设该层）
见本页防水做法a、b、c、d
100厚C15混凝土垫层
150厚碎石垫层
素土夯实

25厚水刷石罩面
15厚1：3水泥砂浆找平（打底扫毛）
钢筋混凝土池壁
（当采用防水做法d时增设该层）
见防水做法a、b、c、d
120厚实心非粘土砖
20厚聚合物水泥砂浆
25厚粗麻毛面黑色花岗岩

400　450　1200　450　400

花岗岩表面凿毛
花岗岩压顶石顶面抛光
防水油膏嵌实
侧面凿毛
地面铺装
水下灯
300
350
25厚水刷石罩面
溢水管及排水管
100 100
100
150

注：给、排水管及溢水管位置及管径由设计人定，钢筋混凝土配筋由工程设计定。

瀑布

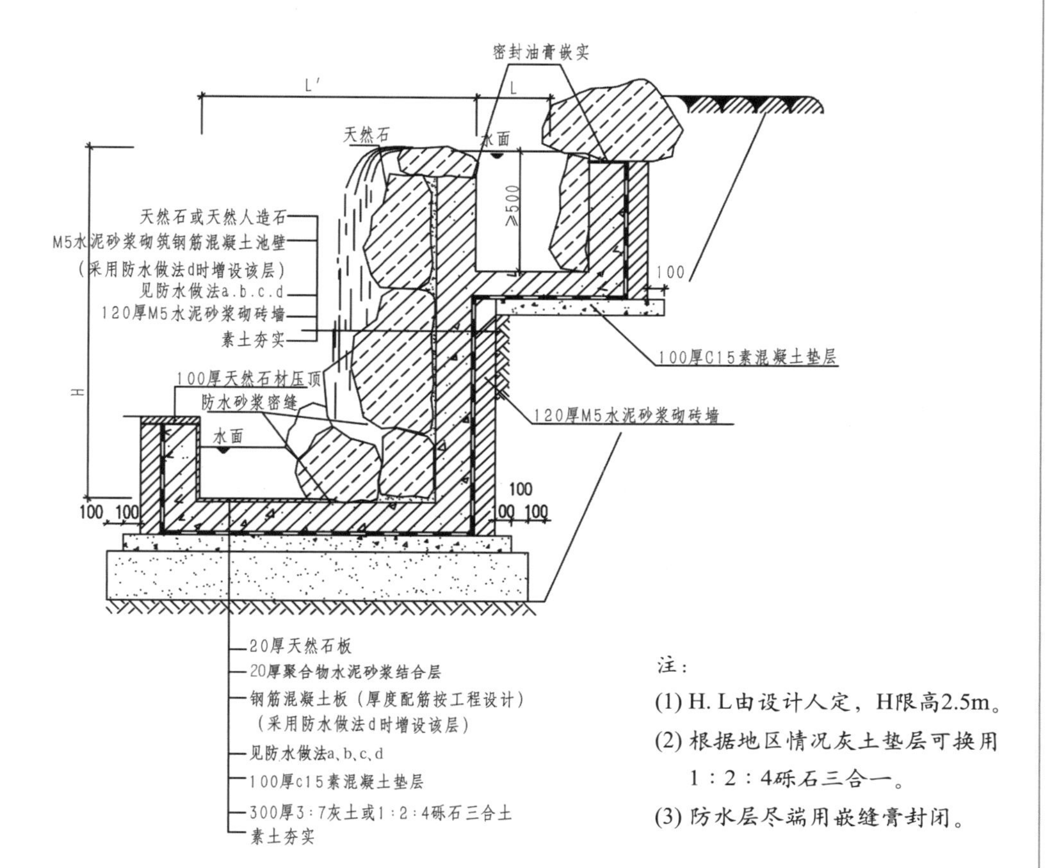

注：

(1) H. L由设计人定，H限高2.5m。

(2) 根据地区情况灰土垫层可换用1：2：4砾石三合一。

(3) 防水层尽端用嵌缝膏封闭。

驳岸

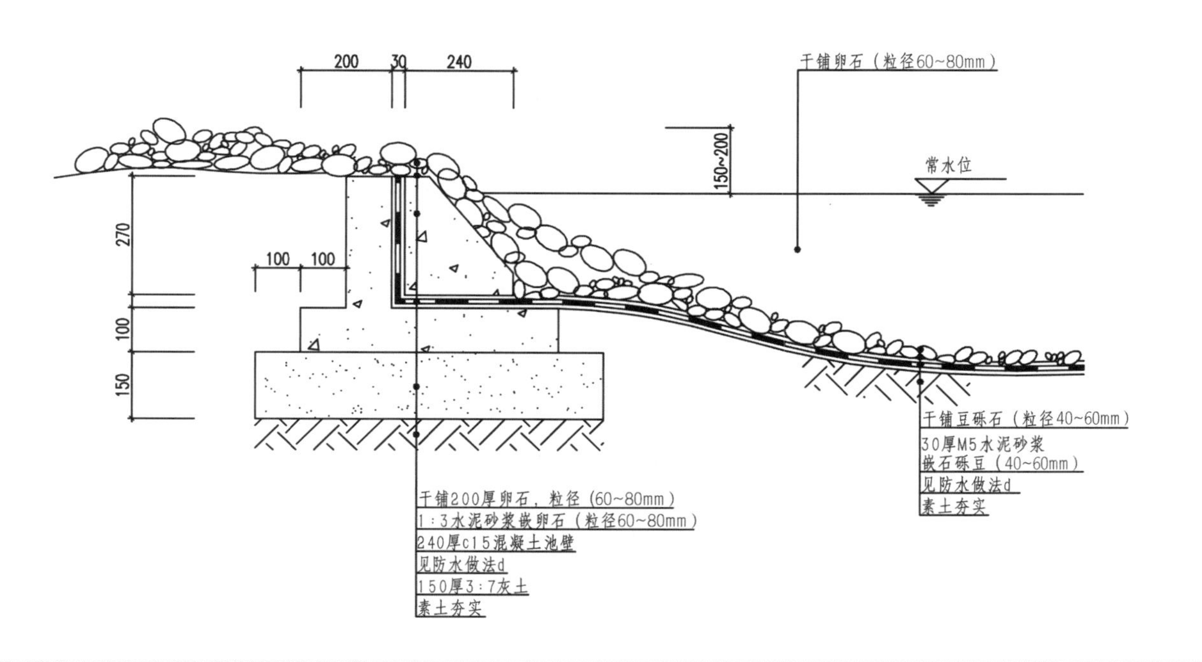

溪流

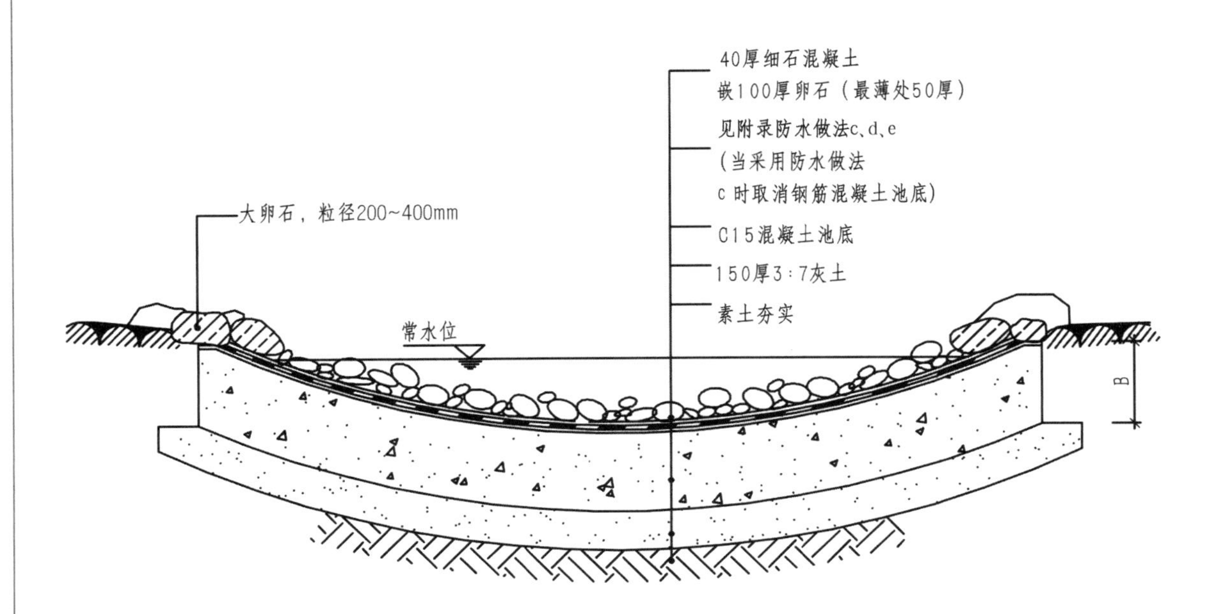

注：3：7灰土可根据地区情况改用1：2：4灰土砾石三合土。

池壁

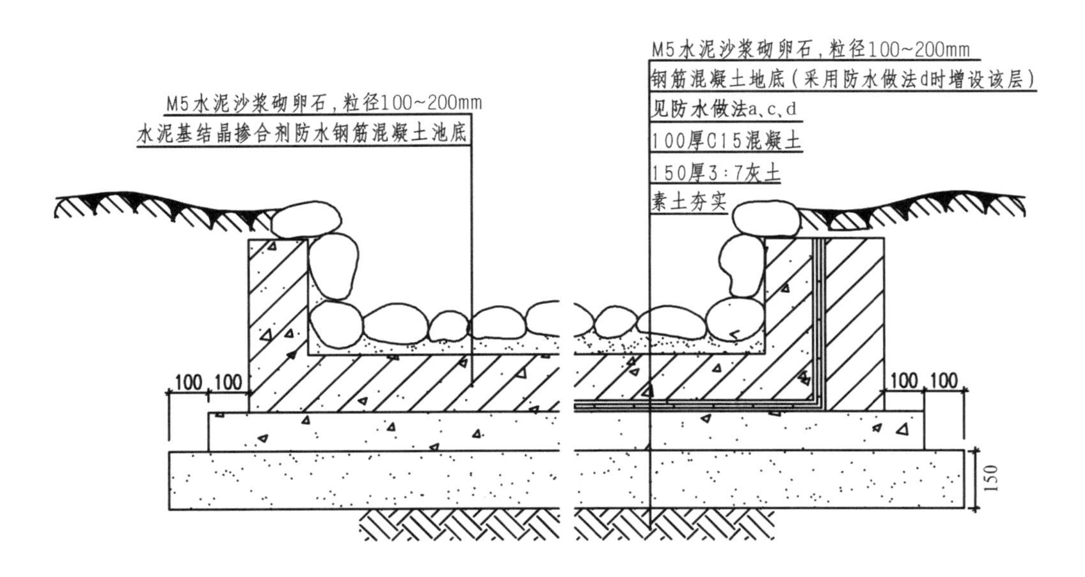

注：3：7灰土根据地区情况改用1：2：4砾石三合一。

跌水

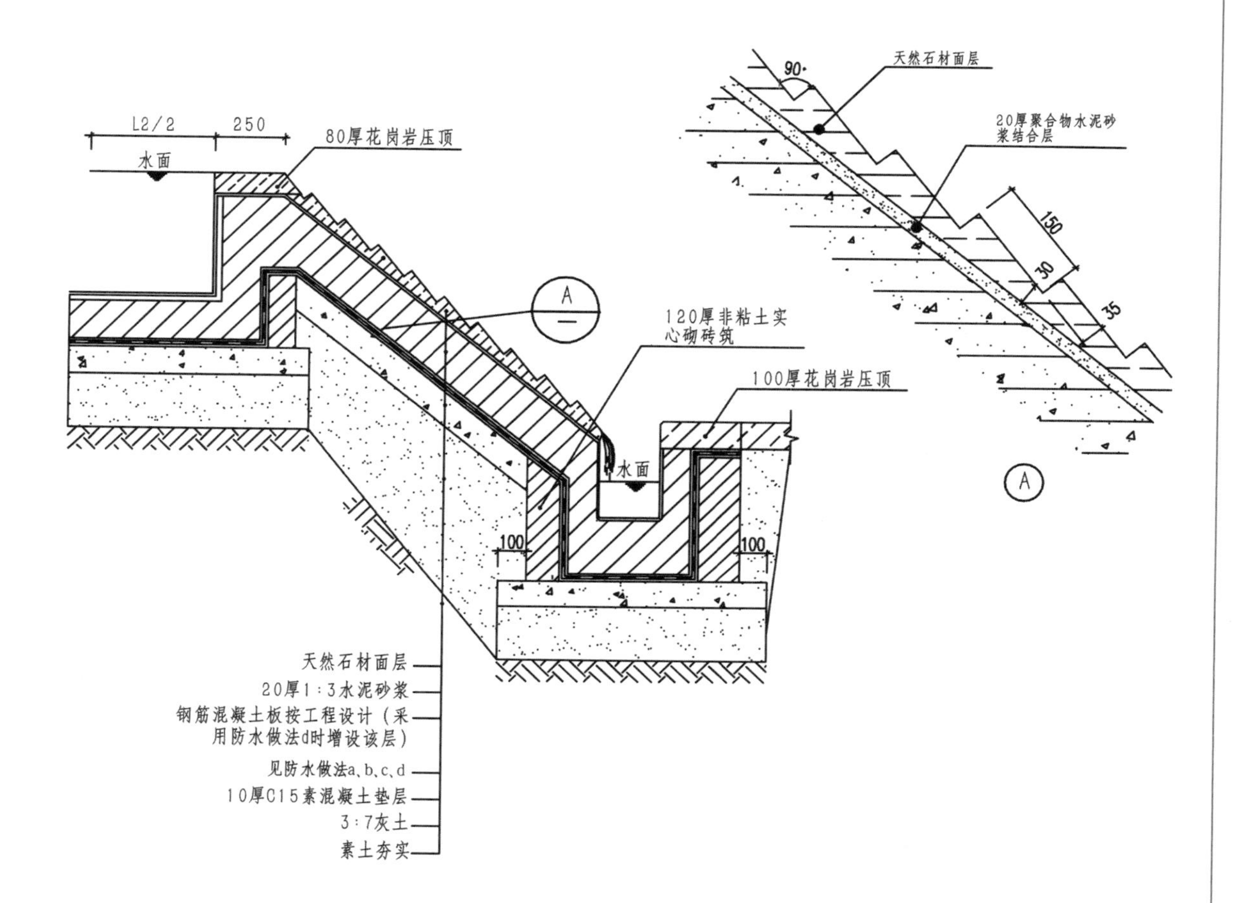

注：(1) L1、L2由设计人定。(2) 根据地区情况灰土垫层可换用1：2：4砾土三合一。

附录 3　景观小品设计作品现状调查情况表

<table>
<tr><td>名称</td><td colspan="7"></td><td>编号</td><td colspan="2"></td></tr>
<tr><td>所在地</td><td colspan="10"></td></tr>
<tr><td>坐落地址</td><td colspan="10"></td></tr>
<tr><td>建造日期</td><td colspan="4"></td><td colspan="3">最近修复日期</td><td colspan="3"></td></tr>
<tr><td>建造单位</td><td colspan="5"></td><td colspan="2">作者姓名</td><td colspan="3"></td></tr>
<tr><td>艺术形式</td><td></td><td>评价</td><td>优</td><td></td><td>良</td><td></td><td>中</td><td></td><td>差</td><td></td></tr>
<tr><td rowspan="2">材质</td><td colspan="2">金属</td><td colspan="2">不锈钢</td><td colspan="2">石质</td><td colspan="2">木质</td><td>色彩</td><td>其他</td></tr>
<tr><td colspan="2"></td><td colspan="2"></td><td colspan="2"></td><td colspan="2"></td><td></td><td></td></tr>
<tr><td>内容</td><td colspan="10"></td></tr>
<tr><td rowspan="2">体量
（m/单位）</td><td colspan="2">总体高度</td><td colspan="2">左右宽度</td><td>前后宽度</td><td colspan="2" rowspan="2">基座尺寸</td><td>长</td><td>宽</td><td>高</td></tr>
<tr><td colspan="2"></td><td colspan="2"></td><td></td><td></td><td></td><td></td></tr>
<tr><td rowspan="2">实景照片</td><td colspan="2">全景</td><td colspan="2">正面</td><td colspan="2">左侧面</td><td colspan="2">后面</td><td colspan="2">局部</td></tr>
<tr><td colspan="2"></td><td colspan="2"></td><td colspan="2"></td><td colspan="2"></td><td colspan="2"></td></tr>
<tr><td colspan="11">照片：</td></tr>
<tr><td colspan="11">评价：</td></tr>
</table>

参考文献

[1] 马铁丁．环境心理学与心理环境学[M]．北京：国防工业出版社，1996．
[2] [美] 诺曼，K．布思著．风景园林设计要素[M]．曹礼昆，曹德鲲，译．北京：中国林业出版社，1989．
[3] [美] 西蒙兹著．景观设计学：场地规划与设计手册[M]．俞孔坚，等译．北京：中国建筑工业出版社，2000．
[4] 吴为廉．景观与景园建筑工程规划设计(上册)[M]．北京：中国建筑工业出版社，2005．
[5] 丁绍刚．风景园林概论[M]．北京：中国建筑工业出版社，2008．
[6] 王向荣，林菁．西方现代景观设计的理论与实践[M]．北京：中国建筑工业出版社，2001．
[7] 黄耘，周秋行．景观建构[M]．重庆：西南师范大学出版社，2008．
[8] 韩巍，刘憔．室外景观艺术设计[M]．天津：天津人民美术出版社，2003．
[9] 陈辉．环境雕塑[M]．北京：清华大学出版社，2007．
[10] 鲍诗度．环境标识导向系统设计[M]．北京：中国建筑工业出版社，2007．
[11] 郝洛西．城市照明设计[M]．沈阳：辽宁科学技术出版社，2005．
[12] 高巍，编．方慧倩，译．广场景观[M]．沈阳：辽宁科学技术出版社，2011．
[13] 冯钟平．中国园林建筑[M]．北京：清华大学出版社，2000．
[14] 香港理工国际出版社．城市装饰[M]．武汉：华中科技大学出版社，2011．
[15] [西] 克劳埃尔．装点城市[M]．高明，刘丹春，译．天津：天津大学出版社，2010．
[16] 冯信群．公共环境设施设计[M]．2版．上海：东华大学出版社，2010．
[17] 中华人民共和国建设部．园林基本术语标准[S]．北京：中国建筑工业出版社，2002．
[18] 中华人民共和国建设部．城市居住区规划设计规范GB 50180—93[S]．北京：中国建筑工业出版社，2002．
[19] 中国建筑标准设计研究院，美国EDSA(北京)，建设部城市建设研究院风景园林研究所．环境景观—室外工程细部构造GJBT—599[S]．北京：中国计划出版社，2003．
[20] 中国大百科全书总编辑委员会《农业》编辑委员会．中国大百科全书·农业卷[M]．北京：中国大百科全书出版社．1990．
[21] 建筑设计资料集总编辑委员会．建筑设计资料集[M]．2版．北京：中国建筑工业出版社，1994．
[22] Baumeister. New Landscape Architecture (Architecture in Focus)[M]. Braun, 2007.